Pravin Rathod
Vinod Shinde
Rahul Bhalerao

Tempo de enxertia e altura do porta-enxerto em manga

Pravin Rathod
Vinod Shinde
Rahul Bhalerao

Tempo de enxertia e altura do porta-enxerto em manga

Padronização do tempo de enxertia e da altura do porta-enxerto para produção de qualidade de enxertos de madeira macia em manga

ScienciaScripts

Imprint

Any brand names and product names mentioned in this book are subject to trademark, brand or patent protection and are trademarks or registered trademarks of their respective holders. The use of brand names, product names, common names, trade names, product descriptions etc. even without a particular marking in this work is in no way to be construed to mean that such names may be regarded as unrestricted in respect of trademark and brand protection legislation and could thus be used by anyone.

Cover image: www.ingimage.com

This book is a translation from the original published under ISBN 978-620-7-65114-6.

Publisher:
Sciencia Scripts
is a trademark of
Dodo Books Indian Ocean Ltd. and OmniScriptum S.R.L publishing group

120 High Road, East Finchley, London, N2 9ED, United Kingdom
Str. Armeneasca 28/1, office 1, Chisinau MD-2012, Republic of Moldova, Europe
Printed at: see last page
ISBN: 978-620-7-71979-2

CAPÍTULO I

INTRODUÇÃO

A manga (*Mangifera indica* L.) é um membro da família Anacardiaceae, é uma árvore nativa do Sul da Ásia, de onde a manga indiana ou comum foi distribuída por todo o mundo e tornou-se um dos frutos mais cultivados nas regiões tropicais. A manga é considerada o rei dos frutos e o fruto nacional do nosso país e parece estar a ser cultivada há mais de 4000 anos. A Índia é agraciada com um vasto germoplasma de manga e existem muitas cultivares comerciais de qualidade superior às do resto do mundo.

A manga é um fruto nacional da Índia, das Filipinas e do Paquistão. Pertence à família Anacardiaceae, originária da região da Indo-Birmânia (De Candolle, 1984) e cultivada em quase todo o mundo. A maior parte das cultivares de manga cultivadas na Índia e no estrangeiro pertencem à *Mangifera india* L. Singh (1969) referiu que o género *Mangifera* é constituído por 62 espécies, enquanto Mukherjee (1972) reconheceu 41 espécies, mas mais tarde, em 1985, referiu a existência de apenas 39 espécies. Existem cinco espécies de Mangifera registadas na Índia, por exemplo *M. andamanica, M. indica, M.khasiana, M. sylvatica, M. comptosperma* (Mukherjee, 1985). A Mangifera indica selvagem ocorre no nordeste da Índia.

A Índia dispõe de um vasto leque de possibilidades de exportação de polpa e néctar de manga para outros países. Por conseguinte, o cultivo da manga promete um rendimento lucrativo para a Índia. No entanto, para que o cultivo e a plantação de mangas sejam económicos, é necessário que as cultivares a plantar sejam produtivas, de boa qualidade e adaptáveis ao clima.

É muito cultivada em climas quentes e sem geadas, com um solo bem drenado, uma estação seca de inverno e uma temperatura que varia entre 24-27°C e a precipitação anual de 400-3600 mm, o que é favorável a uma boa produção. Não se dá bem com um pH superior a 7,5 (Singh, 1960), sendo o pH ótimo de 5,5-7,5. A manga é muito cultivada em todo o mundo, em diferentes países como a Índia, a China, a Indonésia, o Paquistão, as Filipinas, o Brasil e o Bangladesh. Em termos de produção total de fruta a nível mundial, a Índia lidera a produção com 40,48%, seguida da China (11,72%) e da Indonésia (6,87%).

Os frutos da mangueira podem ser utilizados em todos os estádios, *ou seja*, imaturos, maduros e maduros, devido aos seus excelentes aromas, cor atraente, sabor delicioso e valor nutritivo. Os frutos jovens e verdes são utilizados para fins culinários, bem como para a preparação de pickles, chutney e amchoor, devido ao seu sabor e natureza ácidos. Os frutos maduros são utilizados para sobremesa e também para preparar vários produtos como xarope, néctares, compotas, abóboras, geleias, creme em pó, comida para bebé, caramelo, *etc*. É uma árvore erecta, ramificada, de folha perene, que vive 100 anos ou mais.

A manga é rica em vitamina A, quase tão rica como a manteiga (Singh, 1960) e também tem uma quantidade razoável de vitamina C. Os pigmentos carotenóides, β-caroteno (pró-vitamina A) aumentam com o amadurecimento, enquanto que a vitamina C regista uma queda acentuada no amadurecimento (Siddappa e Bhatia, 1954). Ghosh (1960) registou a presença de ácido fólico (vitamina B) em mangas verdes numa extensão de 3,6 μg/100g. A vitamina B1 (tiamina) e a vitamina B2 (riboflavina) variam entre 35-63 μg e 37-73 μg/100g de peso fresco, respetivamente. Choudhary e Farooqui (1969) relataram a composição da manga: sólidos solúveis totais (12,9-20,8%), açúcar total (10,0-17,3%), açúcar não redutor (7,27-12,35%) com base no peso fresco

A Kesar é uma das principais variedades de Gujarat, com um rubor vermelho nos ombros. Trata-se de uma variedade de Junagadh, mas de natureza semelhante à das mangas do Sul da Índia. Foi observada uma grande área de cultivo desta variedade em Maharashtra, particularmente em Marathwada. Esta variedade tem potencial de exportação. No entanto, os agricultores enfrentam problemas de fraca frutificação, queda de frutos e má qualidade em termos de tamanho dos frutos.

Os agricultores utilizam geralmente sementes para a propagação da manga. A pureza varietal não pode ser mantida em plantas cultivadas a partir de sementes. As plantas demoram 8-10 anos a frutificar e a copa da planta torna-se grande, cobrindo uma área maior (Hartmann *et al.*, 1997). A manga pode ser propagada por métodos sexuais e assexuais (vegetativos), mas o método vegetativo é desejável porque permite manter as características da planta-mãe, obter flores e frutos mais cedo, permanecer inicialmente relativamente mais pequena, com a vantagem de acomodar mais plantas por unidade de área, e dá rendimentos económicos mais rápidos e muito mais elevados. A técnica de enxertia na manga era praticada na Índia desde tempos remotos.

A floração da mangueira é precedida pela diferenciação do botão floral nos rebentos, que varia consoante a variedade e a zona onde é cultivada. O período de diferenciação é reportado como sendo de outubro-dezembro, dependendo das condições climáticas (Sturrock,1966 e Singh, 1958); por exemplo, a época de floração no sul da Índia é dezembro, mas no norte da Índia é fevereiro-março (Singh, 1954). A inflorescência da mangueira também surge de botões axilares com bastante frequência. A panícula é muito ramificada, que pode ser masculina e hermafrodita (andromonóica). A chuva e a humidade elevada durante a floração e o desenvolvimento do fruto reduzem a produção de frutos.

As técnicas de propagação vegetativa, que foram padronizadas na maioria das culturas fruteiras, revolucionaram substancialmente a indústria frutícola no nosso país. A manga é propagada por técnicas de enxerto de folheado (Ram e Bist, 1982), de madeira macia (Pathak e Ram, 2003) e de epicótilo (Bhan *et al.*, 1969 e Majumder e Rathore, 1970) com uma elevada taxa de sucesso.

O fornecimento de material de plantação de manga de boa qualidade e em quantidade suficiente nas regiões tropicais depende do desenvolvimento de boas práticas de gestão de viveiros, que incluem métodos e meios de propagação. De um modo geral, a melhoria da oferta de materiais de plantação de boa qualidade asseguraria uma boa sobrevivência e estabelecimento das árvores no campo. Sendo a manga altamente polinizada e heterozigótica por natureza, a enxertia é comum e a propagação vegetativa é preferida para produzir uma árvore fiel ao tipo. O método de propagação vegetativa, ou seja, a enxertia, foi adaptado à propagação comercial e os métodos de enxertia, tais como a inarching, a enxertia de madeira macia, a enxertia de epicótilos e a enxertia de folheado, são efectuados em plântulas com 10-15 dias de idade. É uma técnica barata e uma das mais rápidas para produzir material de plantação de alta qualidade e em quantidade em menos tempo e área.

Entre estes métodos, segue-se geralmente a enxertia de madeira macia, que é fácil de manusear, pode ser efectuada ao longo de todo o ano e é bastante eficiente, podendo os enxertos ser criados num ano, o que reduz consideravelmente os custos de criação de enxertos. No entanto, são seguidos outros métodos, como a enxertia de folheado e a estratificação aérea, que consomem muito tempo e têm uma baixa taxa de multiplicação de enxertos. A enxertia de madeira macia dá uma resposta excelente no sucesso inicial com menor possibilidade de mortalidade, melhor e uniforme estabelecimento do pomar (Ram e Pathak, 2006).

Vários factores influenciam o sucesso e a capacidade de sobrevivência dos enxertos de mangueira, tais como as variedades, a época da operação de enxertia, o método de enxertia, as condições de crescimento dos enxertos, o período de desfolha do enxerto, a idade do enxerto, a retenção de folhas e de nós no porta-enxerto, etc. A época da operação de enxertia tem uma grande influência no sucesso da enxertia em mangueira. (Ahmad, 1974).

Tendo em conta estes factos, a presente investigação intitula-se "Normalização do tempo de enxertia e da altura do porta-enxerto para uma produção de qualidade de enxertia de madeira macia em manga". Os objectivos são os seguintes,

Objectivos: 1) Identificar o momento da enxertia

2) Identificar a altura dos porta-enxertos de enxertia na região de Marathwada

CAPÍTULO II

REVISÃO DA LITERATURA

A presente experiência intitulada "Normalização do tempo de enxertia e da altura do porta-enxerto para a produção de qualidade de enxertos de madeira macia em manga" foi realizada no Departamento de Horticultura, Vasantrao Naik Marathwada Krishi Vidyapeeth Parbhani (Maharashtra) durante o ano de 2020-21. A importância da época de enxertia e da altura dos porta-enxertos, tal como estudada por vários trabalhadores, é analisada no presente capítulo.

2.1 Efeito do tempo de enxertia no rebento

Amin (1978) experimentou a enxertia de madeira macia em aonla e obteve um sucesso de 73,3%, respeitado no mês de agosto em Anand.

Kolekar (1979) trabalhou na propagação vegetativa da jaqueira e registou um sucesso máximo de 80% durante o mês de fevereiro.

Harnekar (1980) experimentou a enxertia de madeira macia na jaqueira e obteve o maior sucesso (41,66) em maio.

Patel e Amin (1981) observaram na manga uma percentagem máxima de germinação (100%) no mês de agosto, seguido de julho. Os seus resultados revelaram ainda uma percentagem mínima de brotação em outubro. No presente estudo, os enxertos feitos em 10 de agosto apresentaram maior brotação, seguidos de perto pelos enxertos feitos em 25 de julho e 25 de agosto.

Desai (1987) referiu que a enxertia de madeira macia em jaqueira registou o maior sucesso (69,33%) em abril, seguido de maio (56%), nas condições de Dapoli.

Parushotham e Narasimhrao (1990) observaram em tamarindo que o maior sucesso de enxerto foi observado em abril, ou *seja,* 68% para enxertos de madeira macia e o número de rebentos também foi marginalmente maior.

Madalageri *et al.* (1991) observaram que a propagação de jamun por enxertia de madeira macia deu 97,5% de sucesso durante junho e 50% durante agosto.

Shinde *et al.* (1996) observaram que a enxertia de madeira macia feita em março ou na 1st semana de abril (após a colheita e antes da floração) resultou no maior sucesso de enxertia (58,4-70%) em tamarindo em Parabhani (Maharashtra). Nenhum dos enxertos efectuados em janeiro-fevereiro ou junho-dezembro foi bem sucedido.

Barad *et al.* (1999), nos seus estudos sobre a variação sazonal do sucesso da enxertia de tamarindo em madeira macia, registaram uma influência significativa da estação do ano nos dias necessários para a germinação, na percentagem de rebentação, na percentagem de sobrevivência do rebentão e na percentagem de sucesso do enxerto. Segundo os autores, março e abril são os melhores meses para a enxertia nas condições de Akola.

Chovatia e Singh (2000) registaram que a propagação de jamun por enxertia de madeira macia deu 68,8% de sucesso durante o mês de junho e 64,15% de sucesso durante o mês de julho.

Kaur *et al.* (2000) obtiveram resultados em Jamun em que a percentagem de sucesso mais elevada (86,49%) foi registada durante 1 - 15th agosto e entre os vários métodos de propagação a percentagem de sucesso mais elevada (40,82%) foi registada na enxertia de remendo enquanto a percentagem de sucesso mínima foi (0,73%) durante 1 - 15th dezembro e (35,10%) com enxertia de fenda.

Pandey e Singh (2001) registaram em Varanasi que a maior germinação do rebento (76,33%) e a sobrevivência subsequente (40,22%) da manga cv. Amrapali quando enxertada em 16th de agosto.

Haldankar e Jadhav (2001) observaram que o sucesso máximo de enxertos de madeira macia em porta-enxertos de jamun em Ratnagiri (Maharashtra) foi observado durante o mês de julho (37%) seguido de setembro (32%). A maior sobrevivência dos enxertos foi observada quando a enxertia foi feita no mês de julho, quando a diferença entre as temperaturas médias mínima e máxima foi inferior a 3^0 C e a humidade foi superior a 87%.

Awasthi e Shukla (2003) concluíram que, no tamarindo em condições sub-húmidas de Baster (M.P.), a época da enxertia influenciou significativamente a percentagem de rebentos, os dias até ao rebento, a percentagem de sucesso da enxertia e o crescimento linear e radial. A enxertia de madeira macia em abril resultou no maior sucesso do enxerto (82,5%), no máximo crescimento linear (56,3) e no máximo de plantas vendáveis (74,1), seguida da enxertia em março.

Bharad *et al.* (2006) registaram que a enxertia de madeira macia feita em março deu o máximo de gemas (95%), diâmetro do rebento (0,43 cm) e sobrevivência final (95%) em março. Enquanto que o comprimento máximo do rebento (12,67 cm) foi obtido em maio, o que se verificou ser consentâneo com a enxertia efectuada durante abril (11,45 cm) e fevereiro (10,67 cm).

Nayaka (2006) referiu que a percentagem máxima de sucesso de 87,50 foi registada na enxertia de novembro, seguida de 66,69% no caso de dezembro. O menor sucesso foi registado durante a enxertia de junho (16,52%) em jamun.

Prasanth *et al.* (2006) realizaram um ensaio para determinar o período ótimo de enxertia do epicótilo nas cultivares de manga Khader, Mallika e Baneshan na zona seca do nordeste de Kanataka, com intervalos de 3 meses, *nomeadamente* junho, julho e agosto. A enxertia de 1 quinzena de junho apresentou o brotamento mais precoce, 28,71 dias, mas foi mais tardia em 6,39 dias na enxertia de 1 quinzena de agosto. O Khader levou um número mínimo de dias para a germinação (27-30 dias). A enxertia na quinzena de junho deu uma percentagem máxima (75,50) de germinação. A enxertia de agosto revelou-se muito pobre. Cv. Khader apresentou a maior percentagem de sobrevivência (46,60). Da mesma forma, as plantas enxertadas na quinzena I de junho expressaram o máximo de aproveitamento, enquanto que a enxertia de agosto se mostrou mais pobre.

Singh e Singh (2006) observaram que a enxertia de madeira macia em julho-agosto pode ser seguida para a multiplicação de plantas de jamun de elite.

Singh e Singh (2007) observaram que a enxertia de madeira macia em abril-maio pode ser adoptada na região para a multiplicação de genótipos de elite de tamarindo.

Hiwale *et al.* (2008) observaram a propagação vegetativa da macieira e concluíram que a enxertia efectuada em fevereiro proporcionou uma percentagem máxima de sucesso (53,33%), que foi igual à da enxertia efectuada em janeiro (48,78%) e março (44,26%). Também registaram o maior incremento na altura do enxerto (63,98%) e o maior incremento no diâmetro do enxerto (79,41%).

Roshan *et al.* (2008) concluíram que o número mínimo de dias para o brotamento do enxerto foi registado na enxertia de madeira macia na 1st semana de janeiro. A altura máxima do enxerto foi obtida na 3rd semana de dezembro da planta enxertada.

Ghojage *et al.* (2009) registaram que o sucesso máximo do enxerto foi registado durante o mês de fevereiro (81,66%) em Jamun.

Bodkhe e Rajput (2010) revelaram a propagação em jamun e registaram dias significativamente mínimos para o surgimento de gemas (13,50) e número máximo de folhas no rebento (7,87) quando propagado por enxertia de madeira macia em fevereiro.

Gadekar *et al.* (2010) observaram que, em jamun, a enxertia de madeira macia efectuada em 15th de setembro e 15th de março se revelou significativamente superior no que diz respeito à sobrevivência dos enxertos, ao comprimento do enxerto, ao número de folhas funcionais, à área foliar e à relação stiónica.

Islam e Rahim (2010) registaram um tempo máximo para o aparecimento de gemas (11,07 dias) quando a enxertia foi feita a 26th de agosto, enquanto que foi mínimo (10,12 dias) quando a enxertia foi feita a 6th de agosto na manga. A emergência mais precoce durante a primeira e segunda semana de agosto no presente estudo pode ser devida à temperatura e humidade relativa favoráveis que prevalecem nessa altura.

Mulla *et al.* (2011) obtiveram que o sucesso do enxerto em condições abertas foi significativamente mais elevado (100%) nos meses de novembro e maio.

Shinde *et al.* (2011) registaram que a enxertia de madeira macia em junho, em condições abertas, registou um incremento significativamente mais elevado no comprimento do enxerto, *ou seja,* 15,26%, no comprimento do porta-enxerto, *ou seja,* 6,12%, no número de enxertos germinados, ou *seja,* 13,2, nos dias mínimos necessários para a germinação de enxertos, ou seja, 22,9, no número máximo de folhas totalmente abertas, ou seja, 4,9 e na sobrevivência máxima, *ou seja,* 75,32 aos 90 DAG em jamun.

Sonawale *et al.* (2012) observaram que os meses de junho a agosto registaram uma percentagem máxima de enxertia (90%), sobrevivência (87,50%), dias mínimos para o início (15,75 dias) e conclusão (18,75 dias) da enxertia e um crescimento vegetativo máximo, *ou seja,* comprimento do bico (3,63 cm) e número de folhetos (23,05) aos 90th dias após a enxertia na carambola.

Das (2013) observou que os porta-enxertos com quinze dias (15 dias) de idade deram o maior sucesso (87,68%) e o enxerto adquirido com 15 centímetros (15cm) de comprimento deu o maior sucesso (86,33%) na jaqueira. O sucesso máximo foi encontrado em 15th junho (86,09%) sob condições abertas.

Harshvardhan *et al.*(2014) concluíram que a enxertia durante o mês de outubro registou um sucesso máximo (51,52%) contra o registo mais baixo durante o mês de setembro (36,19%) na jaqueira.

Ghosh e Bera (2015) observaram em sapota que a enxertia de enxerto em porta-enxertos de plântulas durante a estação das chuvas, *ou seja,* de 30th de junho a 15th de agosto, era o período mais propício para o máximo sucesso e estabelecimento dos enxertos no campo.

Panchbhai *et al.* (2016) registaram que a 1st semana de janeiro foi a melhor para um maior sucesso na enxertia de madeira macia (77,78%) em aonla.

Ghritlahare e Ashutosh (2018) relataram em sapota que uma análise dos resultados dos dados mostra que os enxertos de julho (S_2) mostraram um crescimento máximo do descendente (2,64 cm e 4,69 cm aos 60 e 120 DAG, respetivamente) seguido pelas plantas enxertadas em agosto (S_3), enquanto o comprimento mínimo foi observado nas plantas enxertadas em setembro (S_4) (2,02 cm e 4,37cm, respetivamente).

Karn *et al.* (2018) registaram as alturas máximas das plantas (53,68, 55,16 e 56,61 cm) durante 15th setembro (T3) a 60, 90 e 120 DAG, respetivamente, na enxertia de manga. No entanto, eles foram encontrados a par com o tratamento 30th agosto (T2) aos 90 e 120 DAG. As menores alturas de plantas (48.24, 49.28 e 50.67 cm) foram registadas a 30th outubro (T6) durante todos os períodos.

2.2 Efeito da altura da enxertia no rebento

Majumder *et al.* (1972) observaram que o sucesso do enxerto de folheado de mangueira não foi afetado pelo comprimento dos rebentos, que variou de 2,5 a 10 cm, mas o crescimento subsequente foi maior com os rebentos mais longos. A enxertia com varas de rebentos não floridos teve 90% de sucesso, em comparação com 70% de rebentos floridos. Em experiências de enxertia em tala, em sela e em cunha realizadas entre agosto e novembro, o sucesso foi alcançado até 80% com a enxertia em tala, mas a sobrevivência foi fraca.

Kanwar e Bajwa (1974) trabalharam na propagação da mangueira por enxertia lateral. Observaram que o sucesso do porta-enxerto variou de 82 a 92 por cento com diferentes comprimentos utilizados e a altura foi obtida quando o comprimento do enxerto era de 7,5 cm, enquanto enxertos mais curtos produziram uniões fortes.

Patel e Amin (1976) trabalharam sobre as possibilidades de enxertia de bancada em plântulas jovens de manga nas condições de Anand, em cada uma delas usaram 7 cm de altura de porta-enxerto de plântula e galho de enxerto selecionado eram iguais, juntamente com o método de enxertia (emenda, quadril e língua e cunha). O método de enxertia de chicote e língua deu uma percentagem de sucesso de 57,86, seguido do método de cunha (54,29).

Gunjate *et al.* (1980) trabalharam com enxertia de epicótilo em jaqueira. Utilizaram rebentos terminais maduros do enxerto, com 10 cm de comprimento, e porta-enxertos decapitados, 5 a 6 cm acima da superfície do solo, para a enxertia do epicótilo. Mostraram que se obteve um sucesso de 50 a 90 por cento durante o período de abril a meados de junho. O sucesso máximo foi observado durante o primeiro mês de abril. O clima quente e húmido durante este período foi propício a uma melhor atividade cambial, conduzindo a um maior sucesso na enxertia de epicótilo.

Malti e Biswas (1980) registaram a resposta de 14 cultivares de enxerto e dois tipos de rebentos de enxerto (desfolhados ou não) à enxertia de epicótilo. A enxertia foi efectuada em porta-enxertos com altura de 8-10 cm e comprimento do rebento de cerca de 12-15 cm. Observaram que o rebento desfolhado produziu uma percentagem mais elevada de enxertos bem sucedidos do que os rebentos não desfolhados, independentemente das cultivares. A maior percentagem de enxertos bem sucedidos foi registada em Fazil (96%), Ranee Pasand (94%) e Kohinoor (90%).

Ram e Bist (1982) registaram que o sucesso da enxertia de folhagem com enxertos de 5 cm, 10 cm e 15 cm de comprimento foi de 20%, 80% e 40%, respetivamente. A utilização de enxertos de 10 cm de comprimento provou ser superior à utilização de enxertos de 5 cm ou 15 cm. O sucesso percentual variou entre 90 e 100 de junho a agosto quando se utilizaram enxertos pré-desfolhados em comparação com enxertos recém-desfolhados.

Nagabhushanam (1983) estudou a enxertia de epicótilo no cajueiro. O enxerto foi feito cortando os itens suculentos e delgados (epicótilos), 4-5 cm acima dos cotilédones. Ele observou que as plântulas tenras de cajueiro com quase 15 dias de idade, quando usadas como porta-enxertos para enxertia de epicótilo pelo método de fenda, tiveram um sucesso que variou de 45 a 68 por cento em dois anos sucessivos durante o período de monção.

Patil *et al.* (1984) estudaram a enxertia de epicótilo em manga. Utilizaram plantas-mãe com 6 cm de altura e fizeram um cruzamento vertical de 3 cm no centro do porta-enxerto. Mostraram que o sucesso inicial (60 por cento) e o sucesso final (46 por cento) são superiores em porta-enxertos de plântulas com 4 dias de idade e 5 dias de foliação e dias mínimos necessários para a germinação.

Chakrabarti e Sadhu (1984) referiram que os enxertos com um mês de idade e os porta-enxertos com 5 dias de idade foram os que tiveram maior sucesso. O enxerto de 10 cm de comprimento deu melhores resultados do que o de 5 ou 15 cm de comprimento. A taxa de sucesso foi maior quando a enxertia foi feita a 5 cm do que a 2 ou 7 cm acima da região do colo do porta-enxerto. A resposta de todas as cultivares Bombal, Himsagar e Langra foram milares, assim como a taxa de sucesso em todos os 3 meses. O mesmo cientista (1989) realizou uma investigação sobre a anatomia da união do enxerto na enxertia do epicótilo da manga cv. Langra, Himsagar e Bambai. Estes rebentos de enxerto, desfolhados 7 dias antes da enxertia, tinham 10 cm de comprimento e os porta-enxertos de 1 mês de idade tinham 5 dias de idade e a enxertia foi efectuada a 7 cm acima da região do colo. Verificaram que a absorção do enxerto e o crescimento do enxerto resultantes do método de enxertia de emenda quando Langra foi utilizada como enxerto, a formação de calo e o subsequente estabelecimento do contacto cambial e da continuidade vascular entre o porta-enxerto e o enxerto foram mais rápidos na emenda do que no método de fenda em Langra do que em Bombai ou Himsagar.

Seshadri e Rao (1985) estudaram o método modificado de enxertia de dicótilo no cajueiro para propagação comercial. Neste método, o comprimento do enxerto de 6 a 8 cm foi enxertado num porta-enxerto de 8 a 10 cm de altura. Revelaram que a percentagem de sucesso foi mais elevada no método modificado (45%) do que no método normal (6%). As características de crescimento, como o número de folhas, a área af, por enxerto e a altura e o diâmetro do enxerto, foram superiores no método modificado do que no método normal de enxertia de dicótilos.

Ratan *et al.* (1987) estudaram a enxertia de caroço em manga cv. Neelum usando enxerto de 5, 6 e 8 cm de comprimento tratado com reguladores de crescimento de plantas e foram enxertados em porta-enxertos de várias alturas (2-4, 4-6, 6-8 e 8-10 cm). Os enxertos foram cobertos com sacos de polietileno transparente ou preto ou não foram enxertados (controlo). A percentagem mais elevada de brotação e sobrevivência foi obtida com enxertos longos (6 e 8 cm) enxertados em porta-enxertos de 6-8 cm de altura cobertos com sacos transparentes.

Kashyap (1989) estudou a propagação vegetativa da mangueira. Para o efeito, foi experimentado o método de enxertia de emenda ou chicote, fenda ou cunha e folheado em porta-enxertos de 15 a 25 cm de altura. Foi observada uma percentagem máxima de sucesso (85 %) no método de enxertia de chicote ou de emenda, em que se verificou um crescimento na estação anterior com desfoliação do enxerto. A percentagem mínima foi observada no método de enxertia de fenda ou cunha.

Radhamony *et al.* (1989) trabalharam nas respostas varietais do enxerto ao enxerto de caroço na manga para propagação comercial. Foram enxertadas varas de 6, 8 ou 10 cm de comprimento de 6 cultivares. As cultivares Priur e Banganappally deram a maior percentagem de enxertos que continuaram a crescer (84% em ambos os casos). A utilização de enxertos com 8 cm de comprimento deu os melhores resultados. A sobrevivência mais baixa (12-22 %) foi observada na cultivar Mulgoa.

Reddy e Kohli (1989) trabalharam numa manga de multiplicação rápida através de enxertia de epicótilo. Dois rebentos, nomeadamente Alphonso e Totapuri, foram enxertados em porta-enxertos de Al phonso com 6-8 cm de altura e de diferentes idades. O enxerto Totapuri apresentou uma taxa de sucesso máxima (85 %) quando enxertado em porta-enxertos com 10 dias de idade, enquanto que no caso do enxerto Alphonso, o sucesso máximo foi de 66,66 e 58,66 % quando enxertado em porta-enxertos com 10 dias de idade, respetivamente.

Purbiati *et al.* (1991) trabalharam sobre o efeito da concentração de GA_3 e do comprimento do enxerto no crescimento de mini-enxertos de mangueira e descobriram que aplicações de 50 ppm de GA3, em 10 cm de comprimento do enxerto, resultaram na melhor qualidade das mudas.

Ram (1993) referiu que a arquitetura da mangueira pode ser controlada ou modificada pelo método de propagação por enxertia em altura, pelo porta-enxerto e por outros factores. Observou que as árvores enxertadas com enxerto de pedra a cerca de 10-20 cm de altura nas plântulas recém germinadas com folhas acobreadas davam um rendimento cumulativo e por árvore mais elevado do que as árvores enxertadas com folheado.

Patil *et al.* (1994) estudaram a enxertia de epicótilo na jaqueira. A enxertia foi efectuada através da decapitação da plântula a uma altura de 4-5 cm a partir da base. Eles revelaram que a enxertia feita durante a primeira semana de julho teve maior sucesso (80,0%) e também registou a altura máxima dos enxertos (28,0 cm) e maior número de folhas (4,0), seguida pela segunda semana de julho (50,0%).

Sampaio e Simão (1996) registaram que, num ensaio de campo em Piracicaba, São Paulo, Brasil, o porta-enxerto de manga Espada foi enxertado com porta-enxertos de 3 cultivares (Coquinho, Carlota ou imperial, com 15 ou 30 cm de comprimento) em novembro de 1986 e estas árvores foram enxertadas com Tommy Atkins como enxerto em novembro de 1987. As variações de rendimento entre tratamentos não foram estatisticamente significativas.

Parthasarathy *et al.* (1997) efectuaram uma experiência para normalizar os procedimentos de enxertia in vitro de tangerina Khasi (*C. reticulata*) em vários porta-enxertos e para estudar a histologia das uniões de enxertos de plantas microenxertadas A microenxertia in vitro de pontas de rebentos de 0.2- a 0,3 mm de comprimento de pontas de rebentos de tangerina Khasi em plântulas etioladas com 2 semanas de idade de várias espécies de citrinos foi bem sucedida, especialmente nos porta-enxertos de lima de Rangpur (*C. limonia*), tangerina Khasi e tangerina Cleópatra (*C, reshni*). As percentagens mais elevadas de enxertos bem sucedidos foram obtidas quando as pontas dos rebentos foram colocadas numa incisão em T invertido entre o córtex e o anel vascular. A imersão das pontas de rebentos de tangerina Khasi em 10 micro g de 2,4-D por litro durante 5 minutos antes da enxertia melhorou o sucesso da enxertia em tangerina Cleópatra, lima Rangpur, lima Kagzi (*C. aurantifolia*) e tangerina Khasi.

Radha e Aravindakshan (1998) avaliaram a resposta de 14 cultivares de manga ao método de propagação por enxerto de epicótilo. Os enxertos foram efectuados em porta-enxertos com 6-8 cm de altura. Verificou-se uma sobrevivência média de 62,98% 6 meses após a enxertia. A resposta máxima foi registada em Kalapady. Com 82,1 por cento de sobrevivência, enquanto a Mulgoa apresentou a sobrevivência mais baixa (38 %).

Yang e Chen (1998) constataram que, no caso da malagueta, a enxertia de fenda é mais adequada para a criação de material vegetal jovem e para o trabalho de topo. O enxerto deve ter mais de 5 cm de comprimento com mais de botões.

Hua Biao (1999) *C. praecox* é um arbusto ornamental popular que tem de ser propagado vegetativamente, uma vez que as sementes não são fiéis ao tipo. Os métodos tradicionais de enxertia lateral, de topo e de gema e de estacas têm baixas taxas de sucesso, pelo que foi desenvolvido um método alternativo. As plântulas de *C. praecox* com um diâmetro de caule de 7-15 mm são ideais como porta-enxertos. A melhor altura para a enxertia é abril. Devem ser seleccionados ramos de boa qualidade das partes superiores da árvore para fornecer os enxertos. Os enxertos são preparados cortando a base em forma de cunha, expondo 3 cm de câmbio. Faz-se uma incisão de 2 a 3 cm de comprimento na casca do porta-enxerto, 5-10 cm acima do nível do solo, e insere-se o enxerto Enrola-se fita plástica à volta do enxerto para o selar e corta-se o caule principal até 5 mm acima do enxerto. Coloca-se um pequeno tubo de borracha ao lado do caule, vira-se um saco de plástico e coloca-se sobre a planta enxertada e o tubo, fechando-o no fundo, com o tubo de borracha a proporcionar ventilação. A temperatura no interior do saco é 2-3 graus C mais elevada do que a temperatura ambiente e a humidade aproxima-se dos 100%. Após 30 dias, a união do enxerto está completa e o saco pode ser retirado após 45 dias. O novo rebento pode ser inclinado um terço para trás para favorecer os rebentos laterais. Foi alcançada uma taxa de sucesso de 90% e podem ser efectuados 150-200 enxertos por pessoa e por dia,

Prunier *et al.* (1999) registaram que o efeito do tipo de porta-enxerto e da altura do ponto de enxertia sobre os setenta sintomas do cancro bacteriano (agentes causais, *Pseudomonas syringae pv. syringae e P. viridiflava*) foi observado em experiências de campo realizadas entre 1990-1993 em dois pomares de alperce diferentes (cultivar Bergeron enxertada em 6 porta-enxertos diferentes) em França. Os porta-enxertos de pessegueiro e os porta-enxertos de ameixeira, Mariana e Myrobalan, induziram um maior vigor das plantas e pareceram reduzir a gravidade dos sintomas na variedade enxertada. As plantas enxertadas com uma copa entre 1,8 e 2,5 metros de altura foram mais resistentes à doença do que as plantas enxertadas ao nível do solo.

Kumar *et al.* (2000) observaram que, tanto no método de enxertia de folheado como de fenda, foi obtido inicialmente o maior sucesso (100%), que diminuiu após 3 meses e depois estabilizou, sugerindo que o sucesso real deve ser registado 3 meses após a enxertia. Foi registado um elevado sucesso na enxertia de folheado e de fenda (85%) de mangueira quando os enxertos Dashehari foram enxertados a alturas mais elevadas (75 e 100 cm) em porta-enxertos de plântulas e ambos os métodos de enxertia tiveram o mesmo sucesso.

Pio *et al.* (2001) mostraram que as organizações anatómicas dos tecidos existentes nestes porta-enxertos não são as mesmas desde 2 cm de altura até à altura de 10 cm. Portanto, os tipos de tecidos podem estar envolvidos com o estabelecimento da microenxertia.

Hunkenda *et al.* (2002) observaram, na jaqueira, que a percentagem mais alta de enxertos bem sucedidos (87 %) foi registada quando se utilizaram porta-enxertos de 10-15 cm de altura para enxertar. O sucesso mais baixo foi registado quando a enxertia foi feita em porta-enxertos de 21-25 cm de altura. Não houve correlação entre a circunferência da sementeira e a ascendência dos enxertos bem sucedidos. A enxertia em cunha é o método mais eficaz quando efectuada a 1 cm acima do ponto de fixação dos cotilédones

Barakat *et al.* (2005) realizaram experiências para investigar a utilização da técnica de enxertia de fenda para a propagação da mangueira, em que o enxerto é destacado da árvore-mãe. Os tratamentos foram os diâmetros dos porta-enxertos de 1,5, 1,5 a 0,5 e 0,5 cm; métodos de endurecimento do enxerto em que as folhas foram removidas ou aparadas até metade das folhas; comprimentos do enxerto de 8-9 ou 15-16 cm; condições de estufa e de viveiro e duas cultivares, nomeadamente Galbellor e Abusamaka. Os enxertos mais viáveis, com o maior número de enxertos bem sucedidos, foram obtidos quando os enxertos em que todas as folhas foram removidas foram enxertados em porta-enxertos de 0,5 cm de diâmetro. Não se registaram diferenças significativas entre as duas cultivares de manga, mas a Galbeltor teve tendência para apresentar valores mais elevados: Os enxertos mais compridos deram origem a uma percentagem significativamente mais elevada de enxertos bem sucedidos do que os mais curtos. As mudas enxertadas mantidas em condições de estufa resultaram em 100% de enxertos bem sucedidos em comparação com as mantidas no galpão do viveiro, devido aos altos níveis de umidade relativa mantidos na estufa.

Alam *et al.* (2006) efectuaram um estudo para a multiplicação rápida de mangas através de enxertia de caroço no RHRS, Chapal Nawabgan, durante a última semana de julho de 2002. Mudas de manga de 5, 10, 15, 20, 25 e 30 dias foram enxertadas com três variedades de enxerto: BARI Aam-1, BARI Aam-3 e Langra. O número máximo de enxertos bem sucedidos (66,67%) foi registado na variedade Langra enxertada em plântulas com 15 dias de idade, seguida pela mesma variedade enxertada em plântulas com 20 dias de idade (53,33%). A variedade BARI Aam-1 enxertada em plântulas com 15 ou 20 dias de idade teve um sucesso moderado (46,67%). O sucesso mínimo (10,0%) foi obtido no BARI Aam-3 enxertado em mudas de 5 e 30 dias de idade. Os rebentos mais altos (25,07 e 24,73 cm consecutivos) foram produzidos pela Langra enxertada em plântulas com 15 e 20 dias de idade.

Kumar *et al.* (2006) revelaram que o crescimento da manga Dashehari após enxertia de folheado e de clava em diferentes alturas (25, 50, 75 e 100 cm) de porta-enxertos de plântulas foi estudado de julho de 1997 a fevereiro de 1999, em Patharchatta, Uttar Pradesh, Índia. Os resultados mostraram que uma maior altura de enxertia no porta-enxerto acelera o crescimento do rebento. Houve pouca diferença entre a enxertia de folheado e de fenda no que respeita aos seus efeitos no crescimento do rebento.

Caulet *et al.* (2009) observaram que o efeito da altura do abrolhamento (10, 20 e 40 cm) na sobrevivência dos gomos e no desempenho das árvores virgens foi investigado em experiências realizadas num viveiro entre 2006 e 2008. Os porta-enxertos de macieira MM. 106, M9 e os porta-enxertos de pereira Pyrus sative e Cydonia oblonga, foram testados com a macieira cv. Florina e pera cv. Untoasa hardy Nem o porta-enxerto nem a altura de abrolhamento afectaram o pegamento dos gomos. Os gomos da MM. 106 e P. sativa sobreviveram melhor ao inverno do que M.9 e Cydonia oblonga. Registaram-se diferenças significativas no comprimento do enxerto durante todos os períodos de crescimento. A altura da enxertia teve um efeito importante na acumulação de açúcares e de matéria seca. As árvores enxertadas a 40 cm apresentaram um maior teor de matéria seca em comparação com as enxertadas a 10 cm, especialmente quando M9 e C. oblonga foram utilizados como porta-enxertos.

Nagale *et al.* (2010) efectuaram uma investigação no Ratnai College of Agriculture, Aklui, Tq. Malshiras, Solapur (M.S.) Índia. O número máximo de enxertos germinados, a percentagem máxima de germinação, o número mínimo de dias para o aparecimento de folhas, o número máximo de folhas por enxerto, a circunferência (acima da união), a mortalidade mínima (%) e a sobrevivência máxima (%) dos enxertos foram registados quando os enxertos foram feitos em porta-enxertos com 6 cm de altura. Consequentemente, o crescimento máximo em termos de altura e perímetro (abaixo da união) foi registado em enxertos feitos em porta-enxertos de manga cv. Kesar com 10 cm de altura. Kesar.

Mandal *et al.* (2012) estudaram o efeito da altura do enxerto no desempenho do enxerto de madeira macia em manga e observaram os dias máximos de iniciação do rebento 12,11 e 12,13 a 25 cm de altura do enxerto. O efeito de interação entre as cultivares e a altura da enxertia na percentagem de sobrevivência atingiu o seu máximo quando a enxertia foi realizada a 100 cm de altura.

Karn *et al.* (2018) realizaram uma investigação durante 2015-16 no Departamento de Horticultura, Faculdade de Agricultura, Universidade Agrícola de Junagadh, Junagadh, para descobrir o efeito da altura do enxerto no sucesso do enxerto de madeira macia em manga. A variação devido às diferentes alturas de enxertia foi significativa e, entre as diferentes alturas de enxertia, a percentagem mais elevada de sucesso da enxertia (59,44 %), a percentagem de sobrevivência (49,44 %), o comprimento máximo do rebento do enxerto (13,61 cm), o número total de folhas (12,77), a altura da planta (75,23 cm) (H_3) e a circunferência do tronco (9,33 mm) foram registados a 60 cm. No entanto, a circunferência máxima do rebento (8,58 mm) foi registada a 40 cm. Da mesma forma, o comprimento mais baixo do rebento (11,91 cm), o número total de folhas (10,84), a altura da planta (33,07 cm), a circunferência do rebento (7,42 mm) e a circunferência do tronco (8,55 mm) foram registados a 20 cm (H_1).

Yadhav *et al.* (2019) relataram na manga que o porta-enxerto de 100 cm de altura revelou os melhores resultados para a percentagem de sucesso do enxerto

(66,11%), a percentagem de sobrevivência do enxerto (82,11%), o comprimento do rebento (22,60 cm) e o número de folhas por planta (25,07).

CAPÍTULO III

MATERIAIS E MÉTODOS

A presente experiência, intitulada "Normalização do tempo de enxertia e da altura do porta-enxerto para a produção de qualidade de enxertos de madeira macia em manga", foi realizada no Departamento de Horticultura, Vasantrao Naik Marathwada Krishi Vidyapeeth, Parbhani (Maharashtra), durante o ano de 2020-21. Os pormenores dos materiais utilizados e a metodologia adoptada durante o inquérito foram descritos nas rubricas e subrubricas adequadas:

3.1 Local experimental

A presente investigação foi realizada numa rede de sombra bem estabelecida, no Departamento de Horticultura, Vasantrao Naik Marathwada Krishi Vidyapeeth, Parbhani, durante o ano de 2020-21.

3.2 Clima e tempo

Geograficamente, Parbhani situa-se entre 19^0 16" de latitude norte e 96^0 41" de longitudes leste, a uma altitude de 408,50 metros acima do nível médio das águas do mar. O clima da região de Marathwada é classificado, numa base anual, como semi-árido. Parbhani está agrupada numa zona de precipitação garantida. A região tem um verão quente e seco (março - maio), um inverno frio e seco (outubro - fevereiro) e humidade húmida com precipitação média na estação das monções (junho - setembro). Mas devido aos caprichos da monção, a produção agrícola está sempre em risco. A precipitação média recebida no ano experimental de 2020 foi de 1098,7 mm, superior à média, distribuída em 51 dias de chuva. A temperatura máxima variou durante a estação experimental de 26,4 a $35,5^0$ C (2020), 20,4 a 36, 8 ^{0} C (2021), enquanto a temperatura mínima média variou entre 5,1 a 24^0 C (2020), 8,7 a 2 1 ^{0} C (2021). A humidade relativa variou entre 09 e 100 por cento durante o período da experiência. Os detalhes dos parâmetros meteorológicos registados durante o período de investigação são apresentados no Apêndice I.

3.3 Pormenores experimentais

Nome da cultura : Manga (*Magnifera Indica* L.)

Variedade : Kesar

Localização   : Departamento de Horticultura, V.N.M.K.V.

Parbhani.

Ano de estudo : 2020-2021.

Desenho experimental: FRBD (Fatorial Randomized Block Design)

Número de factores : Dois (2).

1)Época de enxertia (T_1 - setembro, T_2 - outubro, T_3 - novembro)

2) Altura do porta-enxerto (H_1 -10cm, H -15cm, $_2$ H_3 -20cm)

Número de tratamentos : Nove (9)

Número de plantas por tratamento: vinte (20)

Combinação total de tratamentos : Nove (9)

Número de réplicas : Três (3)

3.3.1 Pormenores do tratamento

Tratamentos:-

A enxertia foi efectuada em 3 meses, setembro, outubro e novembro, e a altura dos porta-enxertos é de 10 cm, 15 cm e 20 cm.

Quadro n.º 3.1: Pormenores do tratamento

N.º Sr.	Fator A + Fator B	Tratamento
1	$T H_{11}$	Enxertado no mês de setembro com porta-enxertos de 10 cm de altura
2	$T H_{12}$	Enxertado no mês de setembro com porta-enxertos de 15 cm de altura
3	$T H_{13}$	Enxertado no mês de setembro com porta-enxertos de 20 cm de altura
4	$T H_{21}$	Enxertado no mês de outubro de com porta-enxerto de 10 cm de altura
5	$T H_{22}$	Enxertado no mês de outubro com porta-enxertos de 15 cm de altura
6	$T H_{23}$	Enxertado no mês de outubro com porta-enxertos de 20 cm de altura
7	$T H_{31}$	Enxertado no mês de novembro com porta-enxertos de 10 cm de altura

| 8 | T H $_{32}$ | Enxertado no mês de novembro com porta-enxertos de 15 cm de altura |
| 9 | T H$_{33}$ | Enxertado no mês de novembro com porta-enxertos de 20 cm de altura |

3.4 Material experimental

3.4.1 Meios de cultura

Foi utilizada uma mistura de solo e FYM em vasos com uma proporção de 2:1 para criar plântulas de porta-enxertos de manga para enxertia de madeira macia de manga.

3.4.2 Contentor

Foram utilizados sacos de polietileno preto com 9 polegadas de comprimento e 8 polegadas de largura e 300 calibres de espessura para a criação de porta-enxertos.

3.4.3 Material de plantação

As plântulas de manga foram cultivadas através da plantação de caroços de manga da variedade local. Para tal, foram seleccionadas mangas completamente maduras de um pomar de mangueiras saudáveis e sem doenças. As mangas foram colocadas para amadurecer em condições ambientais. Depois disso, os caroços foram extraídos das mangas amadurecidas e utilizados para sementeira. Os caroços são semeados em sacos de polietileno para a preparação de porta-enxertos utilizados na enxertia de madeira macia.

3.4.4 Coleção de Scion

As varas de Kesar mango foram recolhidas na exploração de mangas. Departamento de Horticultura, VNMKV, Parabhani, de acordo com as necessidades.

3.4.5 Criação de porta-enxertos

Os porta-enxertos são preparados semeando caroços de manga da variedade local num saco de polietileno preto. O saco deve ter um número suficiente de orifícios na parte inferior para uma drenagem adequada e arejamento para as raízes, foram preenchidos até 2/3rd dos sacos com uma mistura de envasamento. Antes da sementeira, as pedras foram tratadas com picada @2% contendo Carbendazin (50WP). Os caroços foram semeados a uma profundidade de 1 a 2 cm e a mistura de envasamento foi novamente adicionada para cobrir as sementes, deixando 1 cm de margem dos sacos para rega. A germinação dos caroços começa dentro de 15 dias após a sementeira.

3.4.6 Seleção de Scion

Rebentos terminais maduros e saudáveis de mangas seleccionadas da cultivar Kesar. O seu comprimento deve ser de 10-15 cm. As varas de rebento devem ser permeavelmente rectas, uniformes, redondas, com um botão terminal ou lateral proeminente. Só foram seleccionadas varas saudáveis com espessura do tamanho de um lápis e isentas de pragas e doenças. O enxerto selecionado deve ser obtido através do corte das bexigas foliares, deixando para trás os pecíolos. A obtenção foi feita 7 dias antes da enxertia.

3.5 Procedimento de enxertia de madeira macia

3.5.1 Preparação dos porta-enxertos

Conservar dois pares de folhas inferiores e retirar os outros pares das plântulas seleccionadas com uma faca afiada. Efetuar um corte transversal no caule principal, de acordo com as diferentes alturas a partir do nível do solo. Foi feita uma fenda de 4-5 cm de profundidade no meio do caule decapitado das plântulas, através de um corte longitudinal.

3.5.2 Preparação da Scion

As varas de enxerto foram recolhidas durante a manhã e as varas de enxerto foram mantidas em sacos de artilharia húmidos para conservar a humidade. Selecionar uma vara de enxerto adequada (da mesma espessura que a do porta-enxerto). A extremidade cortada do enxerto é moldada numa cunha de 4-5 cm de comprimento, cortando a casca e a madeira de dois lados opostos.

3.5.3 Procedimento de enxertia

Os passos seguidos na enxertia foram dados a seguir;

➢ A cunha do enxerto é inserida na fenda do porta-enxerto, tendo o cuidado de assegurar que as camadas do câmbio do porta-enxerto e do enxerto estejam em perfeito contacto uma com a outra.

➢ A articulação do enxerto foi fixada com material de envolvimento, como fita de polietileno (1,5 cm de largura, fita de polietileno de calibre 200).

➢ As plantas enxertadas foram mantidas sob uma rede de sombra para permitir a germinação dos gomos terminais.

➢ Em cerca de 2nd semanas começa a germinar e o enxerto começa a crescer.

➢ A enxertia de madeira macia foi efectuada nos meses de setembro, outubro e novembro, e as alturas dos porta-enxertos foram de 10 cm, 15 cm e 20 cm.

3.6 Acompanhamento e gestão

3.6.1 Irrigação

As plantas foram regadas em dias alternados até ao fim do crescimento do porta-enxerto. Os enxertos foram regados regularmente em dias alternados; tomou-se cuidado para que não caíssem sobre a junta do enxerto.

3.6.2 Deservagem

A monda foi efectuada manualmente, sempre que necessário, para reduzir a competição com a planta principal por água e nutrientes. Os rebentos que surgiam do porta-enxerto eram retirados, quando apareciam.

3.6.3 Proteção das plantas

A aplicação de Carbendazim (1gm / litro) foi efectuada para proteção contra o ataque de fungos. Pulverização de Clorpirifos (50%EC) + Cipermetrina (5%EC) ou DDVP em intervalos de quinze dias durante a fase de porta-enxerto e em intervalos semanais após a enxertia para controlo de pragas como a broca do rebento e a folha menor.

3.6.4 Fertilizantes

Na fase inicial, foi aplicado o Biomix, que foi preparado pelo Departamento de Patologia, VNMKV, Parabhani. De seguida, aplicou-se também uma pequena quantidade de 19:19:19.

3.7 Observação e metodologia

3.7.1 Percentagem de sobrevivência

No final da experiência, o número total de enxertos sobreviventes foi calculado pela seguinte fórmula,

$$\text{Percentagem de sobrevivência (\%)} = \frac{\text{Número de enxertos sobreviventes}}{\text{Número de porta-enxertos enxertados}} \times 100$$

3.7.2 Dias necessários para a germinação

Após a enxertia, foram registados os dias necessários para a germinação em cada tratamento e, em seguida, foi calculado o valor médio.

3.7.3 Desempenho do remate (30-60-90 DAG)

3.7.3.1 Altura da planta (cm)

Após a enxertia, foram seleccionados aleatoriamente 5 enxertos de cada tratamento. A altura da planta foi medida com uma escala métrica desde a base da planta até à ponta de crescimento de cada planta após 30, 60 e 90 dias após á enxertia e o valor médio foi registado em centímetros.

3.7.3.2 Diâmetro do caule (mm)

O diâmetro basal do caule principal de cada enxerto, expresso em milímetros, foi medido com um paquímetro a 5 cm acima do nível do solo aos 30, 60 e 90 dias após a enxertia em cada tratamento e os valores médios foram calculados para cada observação.

3.7.3.3 Área foliar (cm^2)

A área foliar de duas folhas seleccionadas aleatoriamente de cada enxerto foi medida com a ajuda do medidor automático de área foliar Logitech (C.I. - 202CID, INC) e o valor médio foi expresso em centímetros quadrados.

3.7.3.4 Número de folhas

O número total de folhas por enxerto foi contado num intervalo de 30, 60 e 90 DAG. O número de folhas por enxerto foi calculado como número cumulativo e contado visualmente.

3.7.2.5 Peso fresco da folha (mg)

Para o peso fresco da folha de cada tratamento, o peso da folha foi registado em miligramas após 30, 60 e 90 DAG de cada enxerto. O peso foi medido numa máquina de pesagem digital eléctrica.

3.7.3.6 Peso seco da folha (mg)

As folhas foram colocadas numa estufa de ar quente durante um dia para secagem a uma temperatura de 40^0 C. Para o peso seco da folha de cada tratamento, o peso da folha foi registado em miligramas após 30, 60 e 90 DAG de cada enxerto. O peso foi medido numa máquina de pesagem digital eléctrica.

3.7.4 Desempenho da raiz

3.7.4.1 Comprimento da raiz (cm)

No final da experiência, foram seleccionadas duas plantas de cada tratamento. Em seguida, as raízes foram limpas, removendo as partículas de solo aderentes. O comprimento da raiz principal foi registado numa escala métrica. Em seguida, foi calculado o valor médio.

3.7.4.2 Diâmetro da raiz (mm)

O diâmetro do mesmo enxerto na observação acima foi registado com um compasso de calibre vernier e depois foi calculado o valor médio.

3.7.4.3 Peso fresco da raiz (g)

A raiz fresca por enxerto de 5 enxertos seleccionados foi registada no final da experiência. As raízes foram limpas, removendo as partículas de solo aderentes. O peso das raízes foi calculado numa máquina de pesagem digital eléctrica e expresso em gramas.

3.7.4.4 Peso seco da raiz (g)

As raízes foram retiradas dos mesmos enxertos para as observações acima. As raízes foram secas num forno de ar quente a 60^0 C. O peso das raízes secas foi calculado numa máquina de pesagem digital eléctrica e expresso em gramas.

3.8 Análise estatística

Os dados obtidos foram analisados estatisticamente de acordo com o método sugerido por Panse e Sukhatme (1985). O erro padrão da média (S.E.m) foi calculado e a diferença crítica (C.D.) a 5 por cento foi calculada sempre que os resultados foram considerados significativos. Os resultados importantes foram apoiados por gráficos e placas.

CAPÍTULO - IV

RESULTADOS E DISCUSSÃO

Os resultados da presente investigação intitulada "Padronização do tempo de enxertia e altura do porta-enxerto para a produção de qualidade de enxertos de madeira macia em manga", realizada durante 2020-21, foram apresentados neste capítulo com a ajuda de tabelas e ilustrações adequadas. Os dados obtidos para vários parâmetros, *nomeadamente* as características dos rebentos e das raízes dos enxertos de manga utilizados para a avaliação dos tratamentos, foram analisados estatisticamente no Fatorial Randomized Block Design. Os resultados da investigação incluída neste capítulo foram discutidos no presente capítulo.

4.1 Percentagem de sobrevivência (%)

Os dados relativos ao efeito do tempo, da altura do porta-enxerto e da sua interação na percentagem de sobrevivência dos enxertos de manga são apresentados no Quadro 4.1 e na Fig. 4.1, como se segue.

Efeito do tempo de enxertia (T)

A percentagem de sobrevivência dos enxertos de manga influenciada pelo tempo foi significativa. A percentagem máxima de sobrevivência foi observada no tratamento T_1 (73,33 %) e a percentagem mínima de sobrevivência foi observada no tratamento T_3 (60 %).

O maior sucesso da enxertia durante este período de enxertia pode ser reconhecido pelas condições climatéricas favoráveis, como a temperatura, a luz, a taxa de insolação e a humidade relativa prevalecentes durante estas datas, o que resultou numa melhor atividade celular, conduzindo a uma melhor calosidade na união do porta-enxerto e do enxerto. Resultados semelhantes também foram registados por Sonawale *et al.* (2012) e Das (2013) na cultura da manga.

Efeito da altura do porta-enxerto (H)

O efeito da altura do porta-enxerto na percentagem de sobrevivência apresentou uma variação significativa. A percentagem máxima de sobrevivência foi registada no tratamento H_3 (86,67 %) e a percentagem mínima de sobrevivência foi registada no tratamento H_1 (46,67 %).

A percentagem de sobrevivência também foi significativa quando a enxertia foi efectuada a uma altura de enxertia mais elevada. Isto pode ser devido à atividade cambial superior da madeira macia no porta-enxerto. Estes resultados estão em harmonia com Mandal *et al.* (2012) e Radhamony *et al.* (1989). Eles observaram a maior percentagem de sobrevivência na maior altura do porta-enxerto.

Interação entre o tempo e a altura dos porta-enxertos (T × H)

O efeito da interação entre o tempo e a altura do porta-enxerto na percentagem de sobrevivência dos enxertos de manga não foi significativo.

Quadro 4.1: Efeito do tempo de enxertia, da altura do porta-enxerto e da sua interação na percentagem de sobrevivência.

Tratamentos	Percentagem de sobrevivência (%)
Tempo de enxertia (T)	
T_1	73.33
T_2	66.67
T_3	60
S.E(m)	3.24
C.D. a 5%	9.8
Altura do porta-enxerto (H)	
H_1	46.67
H_2	66.67
H_3	86.67
S.E(m)	3.24
C.D. a 5%	9.8
Interação (T×H)	
T H_{11}	53.33
T H_{12}	73.33
T H_{13}	93.33
T H_{21}	46.67
T H_{22}	66.67
T H_{23}	86.67
T H_{31}	40
T H_{32}	60
T H_{33}	80
S.E(m)	5.61

| C.D. a 5% | NS |

4.2 Dias necessários para a germinação

Os dados relativos ao efeito do tempo, da altura do porta-enxerto e da sua interação nos dias necessários para a germinação são apresentados no Quadro 4.2 e na Fig. 4.2, como se segue.

Efeito do tempo de enxertia (T)

Os dias necessários para a brotação foram **influenciados** pelo tempo apresentado e foram observados como significativos. O máximo de dias necessários para a germinação foi observado no tratamento T_3 (18,78 dias) e o mínimo de dias necessários para a germinação foi observado no tratamento T_1 (15,94 dias).

Pode dever-se a uma maior atividade meristamática e também às condições meteorológicas mais favoráveis existentes durante esse período, o que permite a ocorrência de rebentos precoces. Estes resultados também foram registados por Islam e Rahim (2010) na manga e por Bharad *et al.* (1999) no tamarindo. Observaram uma germinação mais precoce nas plântulas que foram enxertadas mais cedo.

Quadro 4.2: Efeito do tempo de enxertia, da altura do porta-enxerto e da sua interação nos dias necessários para a germinação.

Tratamentos	Dias necessários para a germinação (%)
Tempo de enxertia (T)	
T_1	15.94
T_2	17.21
T_3	18.78
S.E(m)	0.25
C.D. a 5%	0.74
Altura do porta-enxerto (H)	
H_1	17.88
H_2	17.19
H_3	16.86
S.E(m)	0.25
C.D. a 5%	0.74
Interação (T×H)	
T H_{11}	16.43
T H_{12}	15.86
T H_{13}	15.54
T H_{21}	17.68
T H_{22}	17.12

T H$_{23}$	16.82
T H$_{31}$	19.54
T H$_{32}$	18.58
T H$_{33}$	18.22
S.E(m)	0.43
C.D. a 5%	NS

Efeito da altura do porta-enxerto (H)

Os diferentes tratamentos da altura do porta-enxerto nos dias necessários para a germinação mostraram uma variação significativa. Entre os tratamentos H$_1$ foi registado o máximo de dias necessários para a germinação (17,88 dias) e o mínimo de dias necessários para a germinação foi registado no tratamento H$_3$ (16,86 dias).

O sucesso da enxertia depende de vários parâmetros. O desenvolvimento adequado da camada de câmbio em porta-enxertos com maior comprimento, *ou seja*, altura do porta-enxerto, e uma boa ponte cambial entre o porta-enxerto e o enxerto podem resultar numa melhor formação de calos e união. O mínimo de dias necessários para a iniciação do rebento quando o enxerto foi efectuado a 20 cm. Isto pode dever-se ao facto de o rebento e a raiz estarem bem estabelecidos e vigorosos e de as plântulas do porta-enxerto terem mais alimento reservado. Estes resultados estão de acordo com Mandal *et al.* (2012) e Ratan *et al.* (1987) em manga, que mostraram que havia efeito da altura do porta-enxerto nos dias necessários para a germinação.

Interação do tempo e da altura (T × H)

Os dias necessários para a germinação mostraram não ser significativa a interação entre o tempo e a altura do porta-enxerto.

4.3 Desempenho dos disparos

4.3.1 Altura da planta (cm)

Os dados relativos ao efeito do tempo, da altura do porta-enxerto e da sua interação na altura da planta são apresentados no Quadro 4.3 e na Fig. 4.3, como se segue.

Efeito do tempo de enxertia (T)

A altura da planta, influenciada pelo tempo, foi significativamente diferente após 30, 60 e 90 DAG. A altura máxima da planta foi observada no tratamento

T_1 (24.24, 25.39 e 26.67 cm após 30, 60 e 90 DAG respetivamente) e a altura mínima da planta foi observada no tratamento T_3 (22.92, 24.15 e 25.43 cm após 30, 60 e 90 DAG respetivamente).

A temperatura e a humidade pareciam ser favoráveis ao crescimento e também as condições de fluxo de seiva poderiam ser superiores durante estes períodos, o que levou a um crescimento mais rápido dos enxertos. Estes resultados estão de acordo com Karn *et al.* (2018) em manga e Shinde *et al.* (2011) em jamun.

Quadro 4.3: Efeito do tempo de enxertia, da altura do porta-enxerto e da sua interação na altura da planta.

Tratamentos	Altura da planta (cm)		
	30 DAG	**60DAG**	**90DAG**
Tempo de enxertia (T)			
T_1	24.24	25.39	26.67
T_2	24.24	25.04	26.19
T_3	22.92	24.15	25.43
S.E(m)	0.29	0.3	0.27
C.D. a 5%	0.87	0.90	0.82
Altura do porta-enxerto (H)			
H_1	18.66	19.88	21.22
H_2	24.09	25.2	26.3
H_3	28.21	29.51	30.77
S.E(m)	0.29	0.3	0.27
C.D. a 5%	0.87	0.90	0.82
Interação (T×H)			
T H_{11}	19.16	20.43	20.43
T H_{12}	24.66	25.61	25.61
T H_{13}	28.89	30.13	30.13
T H_{21}	18.67	19.89	19.89
T H_{22}	24.25	25.55	25.55
T H_{23}	28.51	29.67	29.67
T H_{31}	18.16	19.32	19.32
T H_{32}	23.37	24.43	24.43
T H_{33}	27.22	28.72	28.72
S.E(m)	0.50	0.52	0.47
C.D. a 5%	NS	NS	NS

Efeito da altura do porta-enxerto (H)

Os dados apresentados sobre a altura da planta foram significativamente afectados pela altura do porta-enxerto após 30, 60 e 90 DAG. A maior altura de planta foi registada no tratamento H_3 (28.21, 29.51 e 30.77 cm após 30, 60 e 90 DAG respetivamente) no entanto a menor altura de planta foi registada no tratamento H_1 (18.66, 19.88 e 21.22 cm após 30, 60 e 90 DAG respetivamente).

A altura máxima da planta foi observada na altura de enxertia de 20 cm (H3), no entanto, a altura mínima da planta foi registada na altura de enxertia de 10 cm (H_1). Pode ser que um número ótimo de folhas seja retido no porta-enxerto, o que causa uma maior produção de material alimentar sintetizado pelas folhas. A fotossíntese deve ter ajudado na atividade cambial para a cicatrização da união do enxerto. Resultados semelhantes foram também registados por Chakrabarti e Sadhu (1984) e Yadhav *et al.* (2019) em manga. Verificaram que os enxertos com uma altura elevada do porta-enxerto deram melhores resultados.

Interação do tempo e da altura (T × H)

O efeito da interação entre o tempo e a altura do porta-enxerto na altura da planta não foi significativo após 30, 60 e 90 DAG.

4.3.2 Diâmetro do caule (mm)

Os dados relativos ao efeito do tempo, da altura do porta-enxerto e da sua interação no diâmetro do caule são apresentados no Quadro 4.4 e na Fig. 4.4, como se segue.

Efeito do tempo de enxertia (T)

O diâmetro do caule influenciado pelo tempo foi observado de forma significativa. O maior diâmetro de caule foi observado no tratamento T_1 (5,53, 6,15 e 6,87 cm após 30, 60 e 90 DAG respetivamente) e o menor diâmetro de caule foi observado no tratamento T_3 (4,58, 5,28 e 5,97 cm após 30, 60 e 90 DAG respetivamente).

Isto pode dever-se à temperatura e humidade relativa adequadas prevalecentes durante este período em condições de viveiro, que foram responsáveis pelo aumento do diâmetro do caule. Nossos resultados estão em conformidade com Awasthi e shukla (2003) em tamarindo e Karn *et al.* (2018) em manga. Karn *et al.* (2018) encontraram melhores resultados de mudas enxertadas no mês de setembro.

Efeito da altura do porta-enxerto (H)

Foi observada uma variação significativa do efeito da altura do porta-enxerto no diâmetro do caule após 30, 60 e 90 DAG. O maior diâmetro do caule foi observado no tratamento H_3 (6.28, 6.93 e 7.17 cm após 30, 60 e 90 DAG respetivamente) e o menor diâmetro do caule foi observado no tratamento H_1 (3.73, 4.51 e 4.82 cm após 30, 60 e 90 DAG respetivamente).

O aumento do diâmetro do caule a uma maior altura de enxertia pode dever-se ao aumento do número de folhas e da área foliar, resultando numa maior fotossíntese. Resultado confirmado por Nagale *et al.* (2010) e Karn *et al.* (2018) em manga. O crescimento máximo em termos de diâmetro do caule foi registado em enxertos feitos na altura mais elevada do porta-enxerto.

Quadro 4.4: Efeito do tempo de enxertia, da altura do porta-enxerto e da sua interação no diâmetro do caule.

Tratamentos	Diâmetro do caule (mm)		
	30 DAG	60DAG	90DAG
Tempo de enxertia (T)			
T_1	5.53	6.15	6.87
T_2	5.05	5.78	6.55
T_3	4.58	5.28	5.97
S.E(m)	0.153	0.174	0.195
C.D. a 5%	0.464	0.526	0.591
Altura do porta-enxerto (H)			
H_1	3.73	4.51	4.82
H_2	5.16	5.78	5.91
H_3	6.28	6.93	7.17
S.E(m)	0.15	0.17	0.2
C.D. a 5%	0.46	0.53	0.59
Interação (T×H)			
$T H_{11}$	4.21	4.80	5.54
$T H_{12}$	5.61	6.31	6.99
$T H_{13}$	6.78	7.35	8.07
$T H_{21}$	3.63	4.59	5.28
$T H_{22}$	5.29	5.85	6.74
$T H_{23}$	6.23	6.90	7.63
$T H_{31}$	3.34	4.13	4.82
$T H_{32}$	4.58	5.17	5.91

T H$_{33}$	5.82	6.53	7.17
S.E(m)	0.27	0.30	0.34
C.D. a 5%	NS	NS	NS

Interação do tempo e da altura (T × H)

Os dados sobre o efeito da interação entre o tempo e a altura do porta-enxerto relativamente ao diâmetro do caule não foram significativos aos 30, 60 e 90 DAG.

4.3.3 Área foliar (cm)^2

O efeito do tempo, da altura do porta-enxerto e da sua interação na área foliar é apresentado no Quadro 4.5 e na Fig. 4.5, como se segue.

Quadro 4.5: Efeito do tempo de enxertia, da altura do porta-enxerto e da sua interação na área foliar.

Tratamentos	Área foliar (cm)^2		
	30 DAG	**60DAG**	**90DAG**
Tempo de enxertia (T)			
T$_1$	13.35	19.45	20.76
T$_2$	12.55	18.47	19.6
T$_3$	11.53	17.26	18.61
S.E(m)	0.38	0.55	0.25
C.D. a 5%	1.14	1.67	0.75
Altura do porta-enxerto (H)			
H$_1$	10.35	16.53	17.85
H$_2$	12.4	18.2	19.59
H$_3$	14.7	20.45	21.54
S.E(m)	0.38	0.55	0.25
C.D. a 5%	1.14	1.67	0.75
Interação (T×H)			
T H$_{11}$	11.41	17.82	19.33
T H$_{12}$	13.12	18.91	20.79
T H$_{13}$	15.53	21.63	22.17
T H$_{21}$	10.24	16.58	17.73
T H$_{22}$	12.61	18.37	19.21
T H$_{23}$	14.81	20.45	21.89
T H$_{31}$	9.38	15.18	16.48
T H$_{32}$	11.49	17.32	18.78
T H$_{33}$	13.73	19.28	20.57

S.E(m)	0.65	0.96	0.43
C.D. a 5%	NS	NS	NS

Efeito do tempo de enxertia (T)

A área foliar influenciada pelo tempo foi observada com diferenças significativas após 30, 60 e 90 DAG. A área foliar máxima foi registada no tratamento T_1 (13.35, 19.45 e 20.76 cm^2 após 30, 60 e 90 DAG respetivamente) e a área foliar mínima foi registada no tratamento T_3 (11.53, 17.26 e 18.61 cm^2 após 30, 60 e 90 DAG respetivamente).

O resultado pode dever-se ao facto de os parâmetros climáticos favoráveis terem contribuído para um crescimento mais rápido que actua positivamente sobre o porta-enxerto e o rebento do rebento, o que pode ter acontecido devido ao maior tempo disponível para o crescimento em células meristemáticas fixadas com melhores processos fisiológicos como a fotossíntese e menor respiração. Os resultados foram confirmados por Haldankar e Jadhav (2001) em jamun e por Pandey e Singh em manga (2001).

Efeito da altura do porta-enxerto (H)

Foi observada uma variação significativa do efeito da altura do porta-enxerto na área foliar após 30, 60 e 90 DAG. A área foliar máxima foi registada no tratamento H_3 (14.7, 20.47 e 21.54 cm^2 após 30, 60 e 90 DAG respetivamente) no entanto a área foliar mínima foi registada no tratamento H_1 (10.35, 16.53 e 17.85 cm^2 após 30, 60 e 90 DAG respetivamente).

Este resultado foi confirmado por Nagale (2010) na manga (variedade Kesar) e por Seshadri e Rao (1985) no caju.

Interação do tempo e da altura (T × H)

O efeito da interação entre o tempo e a altura do porta-enxerto na área foliar foi registado como não significativo após 30, 60 e 90 DAG.

4.3.4 Número de folhas

Os dados relativos ao efeito do tempo, da altura do porta-enxerto e da sua interação no número de folhas são apresentados no Quadro 4.6 e na Fig. 4.6, como se segue.

Efeito do tempo de enxertia (T)

Dados apresentados sobre o número de folhas significativamente afetado pelo tempo após

30, 60 e 90 DAG. O maior número de folhas foi registado no tratamento T_1 (5.84, 8.34 e 10.43 após 30, 60 e 90 DAG respetivamente) e o menor número de folhas foi registado no tratamento T_3 (5.15, 7.54 e 9.58 após 30, 60 e 90 DAG respetivamente). Isto pode dever-se à formação rápida e forte de uniões e a uma melhor absorção de nutrientes, o que pode ter provocado um melhor crescimento das plantas e um maior número de folhas por planta. O maior número de folhas pode ser devido ao acúmulo fotossintético nas plantas recém-enxertadas, o que, por sua vez, aumentou o número de nós e a absorção de nutrientes pela folha primordial. Estes resultados estão em harmonia com Shinde *et al.* (2011) em jamun e Patel e Amin (1981) em manga.

Quadro 4.6: Efeito do tempo de enxertia, da altura do porta-enxerto e da sua interação no número de folhas.

Tratamentos	Número de folhas		
	30 DAG	**60DAG**	**90DAG**
Tempo de enxertia (T)			
T_1	5.84	8.34	10.43
T_2	5.52	7.84	9.78
T_3	5.15	7.543	9.58
S.E(m)	0.17	0.20	0.21
C.D. a 5%	0.50	0.60	0.64
Altura do porta-enxerto (H)			
H_1	4.46	6.87	8.71
H_2	5.59	7.93	9.98
H_3	6.47	8.94	11.1
S.E(m)	0.17	0.20	0.21
C.D. a 5%	0.50	0.60	0.64
Interação (T×H)			
T H_{11}	4.84	7.48	9.15
T H_{12}	5.97	8.27	10.39
T H_{13}	6.70	9.27	11.74

	4.39	6.77	8.59
$T\,H_{21}$	4.39	6.77	8.59
$T\,H_{22}$	5.63	7.84	9.88
$T\,H_{23}$	6.54	8.92	10.88
$T\,H_{31}$	4.14	6.35	8.38
$T\,H_{32}$	5.16	7.66	9.67
$T\,H_{33}$	6.16	8.62	10.68
S.E(m)	0.29	0.35	0.37
C.D. a 5%	NS	NS	NS

Efeito da altura do porta-enxerto (H)

O efeito da altura do porta-enxerto no número de folhas registou uma variação significativa após 30, 60 e 90 DAG. O maior número de folhas foi observado no tratamento H_3 (6.47, 8.94 e 11.1 após 30, 60 e 90 DAG respetivamente) e o menor número de folhas foi registado no tratamento H_1 (4.46, 6.87 e 8.71 após 30, 60 e 90 DAG respetivamente).

O número significativamente máximo de folhas por enxerto foi registado quando os enxertos foram feitos a 20 cm de altura do porta-enxerto, enquanto o número mínimo de folhas dos enxertos foi registado quando os enxertos foram feitos a 10 cm de altura do porta-enxerto. Estes resultados estão de acordo com Yadhav (2019) em manga e Patil (1994) em jaca.

Interação do tempo e da altura (T × H)

O efeito da interação entre o tempo e a altura do porta-enxerto no número de folhas não foi significativo após 30, 60 e 90 DAG.

4.3.5 Peso fresco da folha (g)

Os dados relativos ao efeito do tempo, da altura do porta-enxerto e da sua interação no peso fresco da folha são apresentados no Quadro 4.7 e na Fig. 4.7.

Efeito do tempo de enxertia (T)

O peso fresco das folhas, influenciado pelo tempo, foi observado de forma significativa após 30, 60 e 90 DAG. O peso fresco máximo da folha foi registado no tratamento T_1 (298.89, 527.78 e 733.33 mg após 30, 60 e 90 DAG respetivamente) e o peso fresco mínimo da folha foi registado no tratamento T_3 (257.78, 488.89 e 693.33 mg após 30, 60 e 90 DAG respetivamente).

Isso pode ser devido a condições climáticas mais favoráveis. Resultados semelhantes também foram registados por Prasanthb *et al.* (2006) em manga e Singh e Singh (2006) em jamun.

Efeito da altura do porta-enxerto (H)

Observou-se uma variação significativa do efeito da altura do porta-enxerto no peso fresco da folha após 30, 60 e 90 DAG. O maior peso fresco da folha foi registado no tratamento H_3 (336.67, 576.67 e 766.67 mg após 30, 60 e 90 DAG respetivamente) no entanto o menor peso fresco da folha foi registado no tratamento H_1 (218.89, 442.33 e 650 mg após 30, 60 e 90 DAG respetivamente).

Estes resultados estão de acordo com Ratan (1987) em manga e Ram (1993) em manga.

Interação do tempo e da altura (T × H)

O efeito da interação entre o tempo e a altura do porta-enxerto no peso fresco da folha não foi significativo após 30, 60 e 90 DAG.

Quadro 4.7: Efeito do tempo de enxertia, da altura do porta-enxerto e da sua interação no peso fresco da folha.

Tratamentos	Peso fresco da folha (mg)		
	30 DAG	60DAG	90DAG
Tempo de enxertia (T)			
T_1	298.89	527.78	733.33
T_2	281.11	503.33	716.67
T_3	257.78	488.89	693.33
S.E(m)	8.21	9.1	9.4
C.D. a 5%	24.82	27.5	28.43
Altura do porta-enxerto (H)			
H_1	218.89	442.33	650
H_2	282.22	501.11	726.67
H_3	336.67	576.67	766.67
S.E(m)	8.21	9.1	9.4
C.D. a 5%	24.82	27.5	28.43
Interação (T×H)			

T H$_{11}$	236.67	463.33	680.00
T H$_{12}$	296.67	530.00	740.00
T H$_{13}$	363.33	590.00	780.00
T H$_{21}$	213.33	440.00	650.00
T H$_{22}$	286.67	490.00	730.00
T H$_{23}$	343.33	580.00	770.00
T H$_{31}$	206.67	423.33	620.00
T H$_{32}$	263.33	483.33	710.00
T H$_{33}$	303.33	560.00	750.00
S.E(m)	14.21	15.75	16.29
C.D. a 5%	NS	NS	NS

4.3.6 Peso seco da folha (g)

Os dados relativos ao efeito do tempo, da altura do porta-enxerto e da sua interação no peso seco da folha são apresentados no Quadro 4.8 e na Fig. 4.8, como se segue.

Efeito do tempo de enxertia (T)

O peso seco da folha influenciado pelo tempo foi observado de forma significativa. O maior peso seco da folha foi registado no tratamento T$_1$ (76,33, 189,44 e 325,56 mg após 30, 60 e 90 DAG respetivamente) e o menor peso seco da folha foi registado no tratamento T$_3$ (59,56, 159,44 e 297,78 mg após 30, 60 e 90 DAG respetivamente).

Estes resultados estão em harmonia com Shinde *et al.* (1996) e Ghojage (2009) em jamun.

Efeito da altura do porta-enxerto (H)

Os dados apresentados sobre o peso seco da folha foram significativamente afectados pela altura do porta-enxerto após 30, 60 e 90 DAG, respetivamente. O maior peso seco da folha foi observado no tratamento H$_3$ (99,56, 199,44 e 353,33 mg após 30, 60 e 90 DAG, respetivamente) e o menor peso seco da folha foi observado no tratamento H$_1$ (43, 132,78 e 266,67 mg após 30, 60 e 90 DAG, respetivamente).

Estes resultados também foram registados por Kumar (2000) e Hunkenda *et al.* (2002) na manga.

Interação do tempo e da altura (T × H)

Os dados sobre o efeito da interação entre o tempo e a altura do porta-enxerto relativamente ao peso seco da folha foram observados como não significativos após 30 e 90 DAG e significativos após 60 DAG. Entre as combinações de tratamentos, T H_{13} registou o maior peso seco da folha (229,33 mg) após 60 DAG e o menor peso seco da folha no tratamento T H_{31} (119,67 mg) após 60DAG   .

Quadro 4.8: Efeito do tempo de enxertia, da altura do porta-enxerto e da sua interação no peso seco da folha.

Tratamentos	Peso seco da folha (mg)		
	30 DAG	60DAG	90DAG
Tempo de enxertia (T)			
T_1	76.33	189.44	325.56
T_2	66.22	169.56	310
T_3	59.56	159.44	297.78
S.E(m)	2.05	5.26	5.56
C.D. a 5%	6.21	15.91	16.92
Altura do porta-enxerto (H)			
H_1	43	132.78	266.67
H_2	59.56	186.22	313.33
H_3	99.56	199.44	353.33
S.E(m)	2.05	5.26	5.56
C.D. a 5%	6.21	15.91	16.92
Interação (T×H)			
T H_{11}	49.67	149.33	280.00
T H_{12}	69.67	189.67	326.67
T H_{13}	109.67	229.33	370.00
T H_{21}	39.67	129.33	266.67
T H_{22}	69.67	209.67	310.00
T H_{23}	99.33	169.67	353.33
T H_{31}	39.67	119.67	253.33

T H_{32}	49.33	159.33	303.33
T H_{33}	89.67	199.33	336.67
S.E(m)	3.56	9.11	9.70
C.D. a 5%	NS	27.55	NS

4.4 Desempenho da raiz

4.4.1 Comprimento da raiz (cm)

Os dados relativos ao efeito do tempo, da altura do porta-enxerto e da sua interação no comprimento da raiz são apresentados no Quadro 4.9 e na Fig. 4.9, como se segue.

Quadro 4.9: Efeito do tempo de enxertia, da altura do porta-enxerto e da sua interação no comprimento da raiz.

Tratamentos	Comprimento da raiz (cm)
Tempo de enxertia (T)	
T_1	21.08
T_2	20.29
T_3	19.95
S.E(m)	0.28
C.D. a 5%	0.86
Altura do porta-enxerto (H)	
H_1	17.49
H_2	21.12
H_3	22.18
S.E(m)	0.28
C.D. a 5%	0.86
Interação (T×H)	
T H_{11}	18.28
T H_{12}	21.81
T H_{13}	23.16
T H_{21}	17.35
T H_{22}	20.79
T H_{23}	22.73
T H_{31}	16.83
T H_{32}	20.76
T H_{33}	22.27

S.E(m)	0.49
C.D. a 5%	NS

Efeito do tempo de enxertia (T)

O maior comprimento de raiz foi observado no tratamento T_1 (21,08cm) e o menor comprimento de raiz foi observado no tratamento T_3 (19,95cm).

Esta constatação está de acordo com Karn *et al.* (2018) em manga e Desai (1987) em jaca. Karn *et al.* (2018) observaram que as mudas enxertadas no mês de setembro apresentaram crescimento máximo.

Efeito da altura do porta-enxerto (H)

O comprimento da raiz influenciado pela altura foi observado como sendo diferente e significativo. O comprimento máximo da raiz foi registado no tratamento H_3 (22,18 cm) e o comprimento mínimo da raiz foi registado no tratamento H_1 (17,49 cm).

A uma maior altura de enxertia, mais materiais alimentares sintetizados são produzidos pelas folhas, de modo que a raiz é nutrida adequadamente, aumentando assim o comprimento da raiz principal do enxerto. Isso também foi encontrado por Karn *et al.* (2018) e Kumar *et al.* (2006) em manga.

Interação do tempo e da altura (T × H)

Os dados sobre o efeito da interação entre o tempo e a altura do porta-enxerto relativamente ao comprimento da raiz não foram significativos.

4.4.2 Diâmetro da raiz (mm)

Os dados relativos ao efeito do tempo, da altura do porta-enxerto e da sua interação no diâmetro da raiz são apresentados no Quadro 4.10 e na Fig. 4.10, como se segue.

Efeito do tempo de enxertia (T)

O diâmetro da raiz influenciado pelo tempo foi observado diferentemente significativo. O diâmetro máximo da raiz foi registado no tratamento T_1 (5,33 mm) e o diâmetro mínimo da raiz foi registado no tratamento T_3 (4,26 mm). Estes resultados estão em harmonia com Karn *et al.* (2018) em manga e Bharad *et al.* (1999) em tamarindo.

Efeito da altura do porta-enxerto (H)

Foi observada uma variação significativa do efeito da altura do porta-enxerto no diâmetro da raiz. O diâmetro máximo da raiz foi registado no tratamento H_3 (6,28 mm) e o diâmetro mínimo da raiz foi registado no tratamento H_1 (3,42 mm). Estes resultados também foram registados por Karn *et al.* (2018) e Mandal *et al.* (2012) na manga.

Interação do tempo e da altura (T × H)

O efeito da interação entre o tempo e a altura do porta-enxerto no diâmetro da raiz dos enxertos de manga não foi significativo.

Quadro 4.10: Efeito do tempo de enxertia, da altura do porta-enxerto e da sua interação no diâmetro da raiz.

Tratamentos	Diâmetro da raiz (mm)
Tempo de enxertia (T)	
T_1	5.33
T_2	4.84
T_3	4.26
S.E(m)	0.15
C.D. a 5%	0.45
Altura do porta-enxerto (H)	
H_1	3.42
H_2	4.73
H_3	6.28
S.E(m)	0.15
C.D. a 5%	0.45
Interação (T×H)	
T H_{11}	3.91
T H_{12}	5.34
T H_{13}	6.73
T H_{21}	3.59
T H_{22}	4.71
T H_{23}	6.21
T H_{31}	2.75
T H_{32}	4.14
T H_{33}	5.89
S.E(m)	0.26
C.D. a 5%	NS

4.4.3 Peso fresco da raiz (g)

Os dados relativos ao efeito do tempo, da altura do porta-enxerto e da sua interação no peso fresco da raiz são apresentados no Quadro 4.11 e na Fig. 4.11, como se segue.

Efeito do tempo de enxertia (T)

O peso fresco da raiz foi influenciado pelo tempo mostrado e foi observado como significativo. O peso **fresco** máximo da raiz foi registado no tratamento T_1 (16,27 g) e o peso fresco mínimo da raiz foi registado no tratamento T_3 (14,52 g).

Estes resultados estão em harmonia com Nayaka (2006) e Gadekar *et al.* (2010) em jamun.

Quadro 4.11: Efeito do tempo de enxertia, da altura do porta-enxerto e da sua interação no peso fresco da raiz.

Tratamentos	Peso fresco da raiz (g)
Tempo de enxertia (T)	
T_1	16.27
T_2	15.32
T_3	14.52
S.E(m)	0.304
C.D. a 5%	0.92
Altura do porta-enxerto (H)	
H_1	13.23
H_2	15.25
H_3	17.63
S.E(m)	0.304
C.D. a 5%	0.92
Interação (T×H)	
T H_{11}	14.27
T H_{12}	15.71
T H_{13}	18.83
T H_{21}	13.17
T H_{22}	15.19
T H_{23}	17.60
T H_{31}	12.24
T H_{32}	14.85
T H_{33}	16.47
S.E(m)	0.53
C.D. a 5%	NS

Efeito da altura do porta-enxerto (H)

Os diferentes tratamentos da altura do porta-enxerto no peso fresco da raiz mostraram uma variação significativa. Entre os tratamentos H_3 foi registado o peso fresco máximo da raiz (6,28g) e o peso fresco mínimo da raiz foi registado no tratamento H_1 (3,42g).

Os nossos resultados são confirmados por Yadhav *et al.* (2019) e Nagale *et al.* (2010) em manga.

Interação do tempo e da altura (T × H)

O peso fresco da raiz mostrou não ser significativa a interação do tempo e da altura do porta-enxerto.

4.4.4 Peso seco da raiz (g)

Os dados relativos ao efeito do tempo, da altura do porta-enxerto e da sua interação no peso seco da raiz são apresentados no Quadro 4.12 e na Fig. 4.12, como se segue.

Quadro 4.12: Efeito do tempo de enxertia, da altura do porta-enxerto e da sua interação no peso seco da raiz.

Tratamentos	Peso seco da raiz (g)
Tempo de enxertia (T)	
T_1	10.18
T_2	9.48
T_3	8.54
S.E(m)	0.28
C.D. a 5%	0.85
Altura do porta-enxerto (H)	
H_1	7.47
H_2	9.16
H_3	11.57
S.E(m)	0.28
C.D. a 5%	0.85
Interação (T×H)	
T H_{11}	8.35
T H_{12}	9.57
T H_{13}	12.62

T H_{21}	7.59
T H_{22}	9.07
T H_{23}	11.77
T H_{31}	6.47
T H_{32}	8.85
T H_{33}	10.31
S.E(m)	0.49
C.D. a 5%	NS

Efeito do tempo de enxertia (T)

O maior peso seco da raiz foi observado no tratamento T_1 (10,18 g) e o menor peso seco da raiz foi observado no tratamento T_3 (8,54 g).

Os resultados semelhantes foram registados por Kolekar (1979) e em jaca e Patel e Amin (1981) em manga.

Efeito da altura do porta-enxerto (H)

O peso seco da raiz influenciado pela altura foi observado como sendo diferente e significativo. O peso seco máximo da raiz foi registado no tratamento H_3 (11,57 g) e o peso seco mínimo da raiz foi registado no tratamento H_1 (7,47 g).

Os resultados são confirmados por Ratan *et al.* (1987) e Ram e Bist (1982) em manga.

Interação do tempo e da altura (T × H)

Os dados sobre o efeito da interação entre o tempo e a altura do porta-enxerto relativamente ao peso seco da raiz não foram significativos.

CAPÍTULO - V

RESUMO E CONCLUSÕES

A experiência de campo intitulada "Standardization of grafting time and rootstock height for quality production of softwood grafting in mango" (Normalização do tempo de enxertia e da altura do porta-enxerto para a produção de qualidade de enxertia de madeira macia em manga) foi realizada no Departamento de Horticultura, Faculdade de Agricultura, Parbhani, durante o ano académico de 2020-21. Os resultados obtidos são resumidos da seguinte forma.

5.1 Percentagem de sobrevivência (%)

A percentagem de sobrevivência foi máxima no tratamento T_1 e a percentagem mínima de sobrevivência foi observada no tratamento T_3 .

A percentagem máxima de sobrevivência foi registada no tratamento H_3 e a percentagem mínima de sobrevivência foi registada no tratamento H_1 .

O efeito de interação entre o tempo e a altura do porta-enxerto não foi significativo aos 30, 60 e 90 DAG.

5.2 Dias necessários para a germinação

O tratamento T_1 exigiu um número mínimo de dias para a germinação e o número máximo de dias para a germinação foi exigido no tratamento T_3 .

Entre os tratamentos H_3 exigiu um mínimo de dias para a germinação e o tratamento H_1 exigiu um máximo de dias para a germinação.

O efeito da interação entre o tempo e a altura do porta-enxerto não foi significativo aos 30, 60 e 90 DAG.

5.3 Desempenho dos disparos

5.3.1 Altura da planta (cm)

A altura da planta foi máxima no tratamento T_1 e mínima no tratamento T_3 após 30, 60 e 90 DAG.

A altura máxima da planta foi registada no tratamento H_3 e a altura mínima da planta foi registada no tratamento H_1 após 30, 60 e 90 DAG.

O efeito de interação entre o tempo e a altura do porta-enxerto não foi significativo aos 30, 60 e 90 DAG.

5.3.2 Diâmetro do caule

O tratamento T_1 registou o diâmetro máximo do caule e o diâmetro mínimo do caule foi registado no tratamento T_3 após 30, 60 e 90 DAG.

Entre os tratamentos H_3 foi registado o diâmetro máximo do caule e o diâmetro mínimo do caule foi registado no tratamento H_1 após 30, 60 e 90 DAG.

O efeito da interação entre o tempo e a altura do porta-enxerto não foi significativo aos 30, 60 e 90 DAG.

5.3.3 Área foliar (cm)^2

Observou-se que o tratamento T_1 registou significativamente a área foliar máxima e a área foliar mínima foi observada no tratamento T_3 após 30, 60 e 90 DAG.

A área foliar máxima foi registada no tratamento H_3 e a área foliar mínima foi registada no tratamento H_1 após 30, 60 e 90 DAG.

O efeito da interação entre o tempo e a altura do porta-enxerto não foi significativo aos 30, 60 e 90 DAG.

5.3.4 Número de folhas

No tratamento T_1 foi observado um número máximo significativo de folhas e um número mínimo de folhas no tratamento T_3 após 30, 60 e 90 DAG.

Os dados significativos do número de folhas foram observados no máximo no tratamento H_3 e o número mínimo de folhas foi observado no tratamento H_1 após 30, 60 e 90 DAG.

O efeito da interação entre o tempo e a altura do porta-enxerto não foi significativo aos 30, 60 e 90 DAG.

5.3.5 Peso fresco da folha (mg)

O maior peso fresco da folha foi observado no tratamento T_1 e o menor peso fresco da folha foi observado no tratamento T_3 após 30, 60 e 90 DAG.

Os dados significativos do peso fresco da folha foram registados no máximo no tratamento H_3, enquanto o peso fresco mínimo da folha foi registado no tratamento H_1 após 30, 60 e 90 DAG.

O efeito da interação entre o tempo e a altura do porta-enxerto não foi significativo aos 30, 60 e 90 DAG.

5.3.6 Peso seco da folha (mg)

O peso seco máximo da folha foi observado no tratamento T_1 e o peso seco mínimo da folha foi observado no tratamento T_3 após 30, 60 e 90 DAG.

O tratamento H_3 registou o maior peso seco da folha e o menor peso seco da folha foi observado no tratamento H_1 após 30, 60 e 90 DAG.

O maior peso seco da folha foi registado na combinação de tratamentos $T H_{13}$ e o menor peso seco da folha foi observado na combinação de tratamentos $T H_{31}$ após 60 DAG. O efeito da interação entre o tempo e a altura do porta-enxerto foi significativo após 60 DAG e não significativo após 30 e 60DAG.

5.4 Desempenho da raiz

5.4.1 Comprimento da raiz (cm)

No tratamento T_1 foi registado um comprimento máximo significativo da raiz e um comprimento mínimo da raiz no tratamento T_3.

Os dados significativos do comprimento da raiz foram observados no máximo no tratamento H_3 e o comprimento da raiz foi observado no mínimo no tratamento H_1.

O efeito da interação entre o tempo e a altura do porta-enxerto não foi significativo.

5.4.2 Diâmetro da raiz (mm)

Observou-se que o tratamento T_1 registou um diâmetro de raiz significativamente máximo e o diâmetro de raiz mínimo foi observado no tratamento T_3.

O diâmetro máximo da raiz foi registado no tratamento H_3 e o diâmetro mínimo da raiz foi registado no tratamento H_1.

O efeito da interação entre o tempo e a altura do porta-enxerto não foi significativo.

5.4.3 Peso fresco da raiz (g)

O maior peso fresco da raiz foi observado no tratamento T_1 e o menor peso fresco da raiz foi observado no tratamento T_3 .

O peso fresco máximo da raiz foi registado no tratamento H_3 , enquanto o peso fresco mínimo da raiz foi registado no tratamento H_1 .

O efeito da interação entre o tempo e a altura do porta-enxerto não foi significativo.

5.4.4 Peso seco da raiz (g)

O peso seco máximo da raiz foi observado no tratamento T_1 e o peso seco mínimo da raiz foi observado no tratamento T_3 .

O tratamento H_3 registou o maior peso seco da raiz e o menor peso seco da raiz foi observado no tratamento H_1 .

O efeito da interação entre o tempo e a altura do porta-enxerto não foi significativo.

CONCLUSÃO

Tendo em conta os resultados acima referidos, pode concluir-se que as plântulas de mangueira enxertadas no mês de setembro registaram uma percentagem de sobrevivência significativamente máxima, altura da planta, diâmetro do caule, área foliar, número de folhas, peso fresco da folha, peso seco da folha, comprimento da raiz, diâmetro da raiz, peso fresco da raiz e peso seco da raiz e germinaram cedo.

Entre as diferentes alturas de porta-enxertos, a percentagem de sobrevivência, a altura da planta, o diâmetro do caule, a área foliar, o número de folhas, o peso fresco da folha, o peso seco da folha, o comprimento da raiz, o diâmetro da raiz, o peso fresco da raiz e o peso seco da raiz foram significativamente mais elevados nas plântulas enxertadas com porta-enxertos de 20 cm de altura e também necessitaram de um mínimo de dias para brotar.

Assim, concluiu-se que as plântulas enxertadas no mês de setembro com altura do porta-enxerto de 20 cm apresentaram melhores resultados.

LITERATURA CITADO

Ahmad, K. (1974). Review of Research in the Division of Horticulture. *Instituto de Investigação Agrícola do Bangladesh, Joydebpur, Cazipur*.pp38-42.

Alam, M.A, Islam, M.S., Uddin, M.Z., Barman, J.C. & Quamruzzaman, K. M. (2006). Effect of Age of Seedling and Variety of Scion in Stone Grafting of Mango, *Int. J. Sustain. Crop Prod.* 1(2),27-32.

Amin, R. S. (1979). Enxertia de madeira macia in situ Uma técnica para estabelecer pomares de mangueiras. *Trabalho de investigação apresentado na reunião dos trabalhadores da manga. Panjim, Goa, 2-5 de maio.*

Amin, R.S. (1978). Enxerto de madeira macia - uma nova técnica para plantas de madeira dura. *Current Science 47,468-469.*

Awasthi, O.P. & Shukla, N. (2003). Efeito do tempo no sucesso da enxertia de madeira macia em tamarindo (*Tamarindus indica* L.). Range Management and Agro forestry, **24** (1),31-34.

Barakat, M., Yousif, Osman M., Elaminand & Mohamed E. Elkashif (2005). Propagação de manga por enxertia de fenda. *Actas das reuniões do Comité Nacional de Culturas Agrícolas 37 (2005) pp.* 215-219.

Bhan, K. C., Samadar, M. N., & Yadhav, P. S. (1989). Chip budding e stone grafting of mango in India. *Tropical agriculture*, **46**,247-253

Bharad, S.G., Gholap, S. V., Dod, V. N. & Bople, S. R.(1999). Variação sazonal no sucesso da enxertia de tamarindo (*Tamarindus indica*). *Journal of Applied Horticulture*, **1**, 57-58.

Bharad, S.G., Rajput, L., Gonge V.S. & Dalal S.R.(2006). Estudos sobre o método temporal de propagação vegetativa em jamun. *Actas do Simpósio Nacional de Produção em Bidhan Chandra Krishi Vishwavidyalaya, Bengala Ocidental, novembro. 22-24.*

Bodakhe, V. A. & Rajput, L. V. (2010). Estudos de propagação em jamun. *Revista Internacional de Ciências Agrícolas*, **6**(1),250-252.

Caulet, R., Gradinariu, G., Morariu, A. & Dascalu, M. (2009). Aspectos morfológicos e bioquímicos da interação porta-enxerto-semente devido ao aumento da altura do abrolhamento. Lucrari Stiintifice, *Universitatea de Stinte Agricole Si Medicina Veterinara "Ion Ionescu de la Brad" Iasi, Seria Horticultura. 52, 401-406.*

Chakrabarti, U. & Sadhu, M. K. (1984). Efeito da idade e do comprimento do porta-enxerto e do enxerto no sucesso da enxertia de epicótilo em mangueira. *Indian J. of Agric. Sci*, **54**(12), 1066-1072.

Choudhry, T. M. & farooqui, M. A. R. (1969). W. *Pak. J agric. Res.*, 7:103-132.

Chovatia, R. S. & Singh, S.P. (2000). Effect of time on budding and grafting success in jamun (*Syzygium cumini* Skeel). *Indian Journal of Horticulture*, **57**, 255-258.

Das, S.C. (2013). Padronização de enxertos de madeira macia de jaca em condições de Tripura. *Revista Asiática de Horticultura*, **8** (2), 409-412.

De condella, A. (1984). Origem da planta cultivada. *Kegan paul trench*, Londres.

Desai, S.A. (1987).Estudos sobre a padronização de epicótilos e enxertia de madeira macia em jaqueira (*Atrocarpus heterophyllus* Lam.). *Tese de Mestrado (Agri.)*, *Dr.B.S. K.K.V., Dapoli*, (Maharashtra).

Gadekar, A., Bharad, S.G., Mane, V.P. & Patil, S. (2010). Variação sazonal no sucesso da enxertia de madeira macia de jamun nas condições de Akola. *The Asian Journal of Horticulture*, **5**(2),266-268.

Ghojage, A. H., Swamy, G.S.K., Kanamadi, V.C., Jagdeesh, R.C., Kumar, P., Patil.C.
P. & Reddy, B. S. (2009). Efeito da estação no enxerto de madeira macia em jamun (*Syzygium cumini,* Skeels.). *Simpósio internacional sobre romã e frutas menores, incluindo frutas mediterrânicas.*

Ghosh, S.N. & Bera, B. (2015). Estudos sobre a padronização de métodos de propagação de algumas culturas de frutas menores na Índia. *Revista*

Internacional de Frutas Menores, Plantas Medicinais e Aromáticas, **1**(1).

Ghritlahare, S. & Ashutosh (2018), Desempenho de enxertos de madeira macia de sapota (*Manilkara achras*, Mill.) na pré-cura e em diferentes estações. *Revista Internacional de Estudos Químicos* **6**(6), 1768-1772.

Gosh, S. (1960). Sci. and Cult., **26**,187-8.

Gunjate, R.T., Kolekar, D. T. & Limaye, V. P. (1980) Epicoty! grafting in jackfruit.
Current Science, **49** (17), 667.

Haldankar, P. M. & Jadhav, B. B.(2001). Enxertia de madeira macia de cravinho (Syzygium aromaticum) em porta-enxertos de jamun (Syzygium cuminii). *Journal of Plantation Crops*, **29**(3), 46-49.

Harnekar, M.A.(1980). Estudos sobre a propagação vegetativa da castanha de caju e da jaca. *Tese de Mestrado (Agri.), Dr. B.S. Konkan Krishi Vidyapeeth, Dapoli.* Maharashtra.

Harshavardhan, A., Rajasekhar, M., Reddy, P.S.S. & Krishna, K.U.(2014). Efeito da condição ambiental, método e tempo de enxertia no sucesso do enxerto em duas variedades de enxertos de jaca. *Jornal de Tecnologia Agrícola*, **1**(2), 72 -74.

Hatrmann, H. T., Kester, D. E., Davies, F.T. & geneve, R. L. (1997). *Propagação de plantas: Principles and Practices* (6th Ed.). Prentice hall of India Private Limited, New Delhi.pp.393-480.

Hiwale, S.S., Dhandar, D.G. & Bagle, B.G. (2008). Propagação vegetativa de maçã da madeira (*Feronia limonia Correa*). *Indian Journal of Agro forestry*, **10**(2), 58-61.

Hua Biao Hu YiMin (1999). Propagação de Chimonanthus praecox por um novo método de enxertia Chinese *Journal of Jiangsu Forestry Science & Technology*, **26** (1), 55-56

Hunkenda, H.M.S. (2002). Melhoria dos métodos de enxertia para a propagação de durião (*Durio Zibethimus* MURR). *Anais do Departamento de Agricultura de Shri Lanka,* 4, 129-136.

Islam, M.R., & Rahim M.A. (2010). Desempenho da enxertia de epicótilo em diferentes variedades de manga. *Journal of Agro forestry and Environment.* 4(1),45- 50.

Kanwar, J. S. & Bajwa, M. S. (1974). Propagação de manga por enxertia lateral. *Indian J. Agric. Sci.*, **44(5)**, 270-272.

Karn. A.K., Varu, D.K., Patel, M.K. & Panda, P.A. (2018), Efeito do tempo de enxertia no sucesso da enxertia de madeira macia em manga (*Mangifera indica* L.). *Jornal Internacional de Microbiologia Atual e Ciências Aplicadas.* 7(8), 3072-3077.

Kashyap, R.; Srivastava, S. S. & Sharma, A. B. (1989). Estudos sobre a propagação vegetativa da manga. *Ata Horticulturae*, 231, 263-265.

Kaur, G. & Mahli, C. S.(2006). Estudo sobre a idade do porta-enxerto e o meio de cultura no sucesso da enxertia de epicótilo em mangueira. *Revista indiana de horticultura*, 6, 327-329.

Kolekar, D.T. (1979). Estudos sobre a propagação de jaca (*Artocarpus heterophyllus* L.). Tese de Mestrado (Agri.), *Konkan Krishi Vidyapeeth, Dapoli*, Maharashtra.

Kumar, S., Sant, R.,& Singh, CP(2000).Sucesso da enxertia de folheado e fenda em diferentes alturas de enxertia de porta-enxertos de mudas em Dashehari Mango .*Indian Journal of Horticulture.*57(3),212-214.

Kumar, Sanjeev, Sant Ram & Singh, C. P (2006). Crescimento da manga Dashehari após enxertia em diferentes alturas de porta-enxertos de plântulas. *Indian Journal of Horticulture.* **63**(3), 327-329.

Madalageri, M.B. Patil, V.S. & Nalwadi. U.G. (1991). Propagação de jamun por enxertia em cunha de madeira macia. *My Forest*, **27**, 176-178.

Majumder, P. K. Mukherjee, S. K. & Rathore, D.S. (1972). Further researches on propagation techniques in mango. *Ata Horticulturae*, **24**, 72-76.

andal, J., Mandal, B. K., Singh, R. R. & Jaiswal, U. S. (2012). Effect of grafting height and cultivars on the performance of soft wood grafting in mango, *Asian Journal of Horticulture*, 7(1), 171-174.

Mati, S. C. & Biswas, P. (1980). Effect of scion variety and type of scion shoot on success of epicotyl grafting of mango. *Punjab Horticultural J.*, **20**(3&4), 152-155.

Mulla, B.R., Angadi, S.G., Mathad, J.C., Patil, V.S. & Mummigatti, U.V. (2011). Estudos sobre enxertia de madeira macia em jamun (*Syzygium cumini Skeels.*). *Karnataka Journal of Agricultural Science*, **24**(3), 366-368.

Mukherjee, S. K., (1972). Origem da manga (*Mangifera indica. L.*). *Ecom. Bot.* **26** (5), 260-264.

Mukherjee, S. K., (1985). Systematic and biogiographic *Studies of Crop Genepools*, Vol. 1. *Mangifera* I. IBPGR, B6.

Nagabhushanam, S. (1983). Um estudo sobre enxertia de epicótilo no cajueiro (*Anacardium occidentale*). *Indian cashew J.*, **15**(1), 13-16.

Nalage,N.A., Magar,S.D. , Bhosale,S.S. & Mhetre,D.A. (2010) Efeito da altura do porta-enxerto no sucesso da enxertia de epicótilos em manga (*Magnifera Indica* L.) cv. Kesar. International *Journal of Agricultural Sciences*, Vol. **6** Issue 1,124-128.

Nayaka, G. (2006). Estudos de propagação em aonla (*Phyllanthus emblica* L.). M.Sc. (Horti.). Tese apresentada à *Universidade de Ciências Agrícolas, Dharwad, Karnataka*.

Panchbhai, D.M., Roshan, R.K., Mahorkar, V.K. & Ghawade, S.M.(2006).Effect of rootstock age and time of grafting on grafting success in aonla. *Actas do simpósio nacional sobre produção, utilização e exportação de frutos subutilizados com potencialidades comerciais, Kalyani, Nadia, Bengala Ocidental, Índia*, 22-24.

Panse, V.S. & P.V. Sukhatme (1985). *Statistical methods for Agricultural workers* (4th Edn) *ICAR. Publ. New Dehli.*

Pandey V, Singh YN (2001). Effect of meteorological factors and inter-relationship of quality parameters in stone grafting of mango. *Orissa Journal of Horticulture.* **29**(2),58-60.

Patel, B. M. & Amin, R. S. (1981). Investigação sobre o melhor período para enxertia de madeira macia de mangas in situ. *South Indian Horticulture*, **29**, 90-93.

Patil, V. S., Madalageri, M. B. & Rao, M. M. (1994). Estudos de enxertia de epicótilo em fixde jaca. *Progressive Horticulture*, **25**(1-2), 85-86.

Patil, J. D.; Warke, V. K., Patil, V. K. & Gunjkar, S. N. (1984). Estudos sobre enxertia de epicótilo em manga. *Indian J. of Horticulture*, **41**(1/2), 69-72.

Parthasarathy, V.A., Nagaraju, V. & Rahman, S. A. S. (1997). Enxertia in vitro de Citrus reticulata Blanco *Folia Horticulturae.* **9**(2), 87-90.

Prasanth, J. M., Reddy, P. N., Patil, S. R. & Gouda, P. B.(2006). Efeito das cultivares e do tempo de enxertia de madeira macia no sucesso do enxerto e na sobrevivência da manga. *Agricultural Science Digest*, **27**(1), 18-21.

Prunier, J.P., Jullian, J. P & Audergon, J. M. (1999). Influência do porta-enxerto e da altura da enxertia na suscetibilidade de cultivares de damasco ao cancro bacteriano. *Ata Horticulturae.* 488, 643-648.

Purbiati, T., Arief, A. & Suprapto (1991). Efeito da concentração de GA3 e do comprimento do enxerto no crescimento de minigrafts de manga. *J.IPM. (Institute-Pertanian- Malang) Indonesia*, vol. **1** (2),48-51.

Purushotham, K. & Narasimharao, S.B.S.(1990). Propagação de tamarindo por enxertia de folheado e de madeira macia. *Journal South Indian Horticulture*, **38**(4), 225.

Radhamony, P.S., Gopikumar, K. & Valsalakumari, P. K. (1989). Respostas varietais do enxerto ao enxerto de caroço em manga para propagação comercial. *South Indian Horticulture*, **37**(5),298-299.

Radha, T. & Aravindakshan, K. (1998). Resposta de variedades de manga à enxertia de epicótilo numa escala comercial. *Horticultural J.,* **11**(1), 25-31.

Ram, S. & Bist, L.D. (1982).Studies on Veneer grafting of mango in Tarai. *Punjab Horticultural J.,* **22**(1&2),64 71.

Ram, R. A. & Pathak R. K. (2006). Multiplicação anual de Aonla e bael por enxertia de madeira fendida/mole em polly e casa de rede nas condições do norte da Índia. *I.C.P.P.F. /354/GH/66.*

Ram, S. & Schaffer, B. (1993). Factores que afectam a arquitetura da mangueira. *Ata Horticulturae,* **341**, 187-191.

Ratan, J., Aravindakshan. M. M. & Gopikumar, K. (1987). Estudos sobre enxertia de caroço em manga. *South Indian Horticulture,* **35**(3),192-198.

Reddy, Y. T. N. & Kohli, R. R. (1989). Multiplicação rápida de manga por enxertia de epicótilo, *Ata Horticulyurae.* **231**,168-169.

Roshan, R. K., Nongallei Pebam & Panhabhai, D. M. (2008). Effect of rootstock age and time of soft wood grafting on grafting success in aonla. *Haryana Journal of Horticultural Sciences,* **37** (1/2), 39-40.

Sampaio, V. R. & Simão, S. (1996). Efeitos do porta-enxerto e da altura da enxertia no desenvolvimento e produção da manga, var Tommy Atkins (Português). *Scientia Agricola.* **53**(1), 190-193.

Seshadri, K. V. & Rao, R. R. (1985). Método modificado de enxertia de epicótilos em cajueiro para propagação comercial. *Indian Cashew J.,* **17,4,** 11-13.

Shinde, N.N, Ingle, G.N. & Shirurkar, P. D. (1996). Enxerto de madeira macia em tamarindo (*Tamarindus indica* L.). *Journal of Applied Horticulture,* **2**(1/2), 139- 142.

Shinde, S.B., Saiyad. M.Y., Jadav, R.G. & Chavda, J.C.(2010). Effect of structural conditions on softwood grafting success and survival of jamun grafts (*Syzygium cimini Skeel*). *Asian Journal of Horticulture,* **5**(2), 391-392.

Siddappa, G. S. & Bhatia, B. S. (1954).Tender green mangoes as a source of vit. C
Indian J Hort. 11,104-111.

Singh. Lal Behari, (1954). Propagação da mangueira por camadas de ar para porta-enxertos,

Proc.American Soc. Horti, Sci. **63**,128-130.

Singh, R. N. (1960). *Hort. Advance.* 4,48-60.

Singh, S. & Singh, A. K. (2006). Padronização do método e da época de colheita em Jammu (*Syzygium cumini*) num ambiente semi-árido do oeste da Índia. *The Indian Journal of Agricultural Sciences.* **76**(4).

Singh, S. & Singh, A. K. (2007). Padronização do método e da época de propagação vegetativa do tamarindo no ambiente semi-árido do oeste da Índia. *Indian Journal of Horticulture,* **64**(1), 45-49.

Sonawale, G.R., Khandekar, R.G., Korake, G.N., Haldankar, P. M. & Mali, P.C.(2012). Efeito da estação do ano na enxertia de madeira macia em carambola (*Averrhoa carambola* Linn). *The Asian Journal of Horticulture,* **7**(2), 412-415.

Sturrock, T. T. (1996). A inflorescência da manga. Fla. *State hort. Soc.proc.,* **79**;366-369.

Ullah , S.S., Malik, S., Prakash, S. & Singh, M.K.(2017) , Padronização do tempo e técnica de enxertia para produção de qualidade de plantas de viveiro de manga amrapali (*Mangifera indica* L.). *Jornal de Farmacognosia e Fitoquímica.* **6**(5), 14-17.

Yadav,D., Pal,A.K., & Singh,S.P. (2019) , Efeito da altura do porta-enxerto no sucesso da enxertia de madeira macia em seis cultivares de manga. *Jornal de Biologia Experimental e Ciências Agrícolas* Vol.7 No. 4

Yang, J.P. & Chen, X.(1998). Alguns métodos de enxertia para manga e suas características.

South China Fruits, **27**(6), 29-31.

ÍNDICE DE CONTEÚDOS

yes
I want morebooks!

Buy your books fast and straightforward online - at one of world's fastest growing online book stores! Environmentally sound due to Print-on-Demand technologies.

Buy your books online at
www.morebooks.shop

Compre os seus livros mais rápido e diretamente na internet, em uma das livrarias on-line com o maior crescimento no mundo! Produção que protege o meio ambiente através das tecnologias de impressão sob demanda.

Compre os seus livros on-line em
www.morebooks.shop

info@omniscriptum.com
www.omniscriptum.com

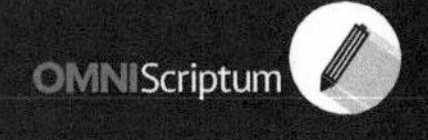

Printed by Books on Demand GmbH, Norderstedt / Germany